垂水雄二

進化論の何が問題か

——ドーキンスとグールドの論争

Richard Dawkins

Stephen Jay Gould

八坂書房

はじめに

リチャード・ドーキンスとスティーヴン・ジェイ・グールドは、ともにサイエンス部門における世界的なベストセラー作家であり、すぐれた文章家として知られている。

日本にもドーキンス派、グールド派それぞれの熱烈なファンがたくさんいるが、両方とも好きだという人も少なくない。進化論をめぐって小さからぬ意見の相違があり、『ドーキンス VS グールド』〔1〕や『ダーウィン・ウォーズ』〔2〕といった本で、二人の対立面が強調されてきた。そのため、二人がともに天を戴かない仇敵どうしであると思いこんでいる人がいるかもしれないが、じつはそうではない。激しい論争を繰りひろげはしたが、批判の標的は個人ではなかった。

グールドが本当に批判したかったのは、俗流ドーキンス主義者たちの安易な遺伝子決定論や適応万能論であり、ドーキンスが本当に批判したかったのはグールド賛美者を取り巻く目的論的傾向や安易な相対主義であった。二人の考えを細かく突き詰めていけば、個人的な意見の相違は意外と小さい。

実際、ドーキンスが『悪魔に仕える牧師』〔3〕で披露しているように、二人は親密とはいえないまでも、交流があり、グールドが亡くなる直前に、創造論者に対する進化論擁護の共同声明の発表に関する合意が成立していたのである。

生物の魅力の一つは驚くべき多様性であるが、同時に、その多様性を貫く普遍的な原理が存在するというのがもう一つの魅力である。どんなに姿形が異なろうとも、すべての生物は細胞から成り、すべての生物はＤＮＡという遺伝情報をもっている。

ダーウィンは、生物の多様性の海にどっぷり首までつかりながら、自然淘汰による進化という、単純明快な原理に到達した。ダーウィンのおかげで、この二つの魅力は一つにつなぎあわされることになった。多様性と同質性は生物がもつヤヌスの顔なのだ。

現代の生物研究者が、どちらの魅力により重点を置くかは、人によって異なる。グールドが生物の多様性により関心があるのに対して、ドーキンスは生物を貫く普遍的原理のほうにより強い関心を寄せるところに、両者の基本的な姿勢、ひいては生物観のちがいがある。自然を理解するためのモデルづくりこそがドーキンスの科学的な喜びであり、例外や変異はあくまで原則を浮かび上がらせる応用問題としての意味しかない。グールドにとっては、モデルからはみだした例外や変異を見つけるのが喜びであり、そこにこそ自然の本質があると考える。

受ける印象とは逆にドーキンスのほうが六か月ほど年上であるが、二人は奇しくも同じ一九四一年の生まれである。どちらも、基本的には同じ時代を生き(この両巨頭と同列に語るのは、あまりにもおこがましいが、私も翌一九四二年の生まれで、同じ時代を生きてきたことになる)、同じ科学的情報に接しながら、このような力点の相違はどうして生まれたのだろうか。

生物では、個体の形質は、遺伝的要因と環境的要因によって決まる。学問観のちがいにそれをあてはめれば、遺伝的要因に相当するのは生まれ育ちであり、環境的要因に相当するものは、二人が受け継いできた学問的伝統ということになるのではなかろうか。

本書は、二人が、それぞれの思想を形成していった過程を彼ら自身の経歴と発言から跡づけてみようとするものである。生まれもった資質が重要であることは言うまでもないが、英国の田園地帯と米国の大都会という育った環境のちがいも少なからぬ影響を及ぼしたと思われる。

しかし、それよりも大きいのは、二人を育んだ学問的な環境であったはずだ。彼らの学者としての履歴をたどりながら、異なった世界観に導かれた要因を明らかにしたいというのが私の狙いである。

両者の論争に関しては、ドーキンスの多くの本を翻訳している私が、偏った立場にあることは承知しているが、できるだけ明白な事実に語らせることによって、つとめて公平な扱いをするよう心がけたつもりである。

進化論の何が問題か／目　次

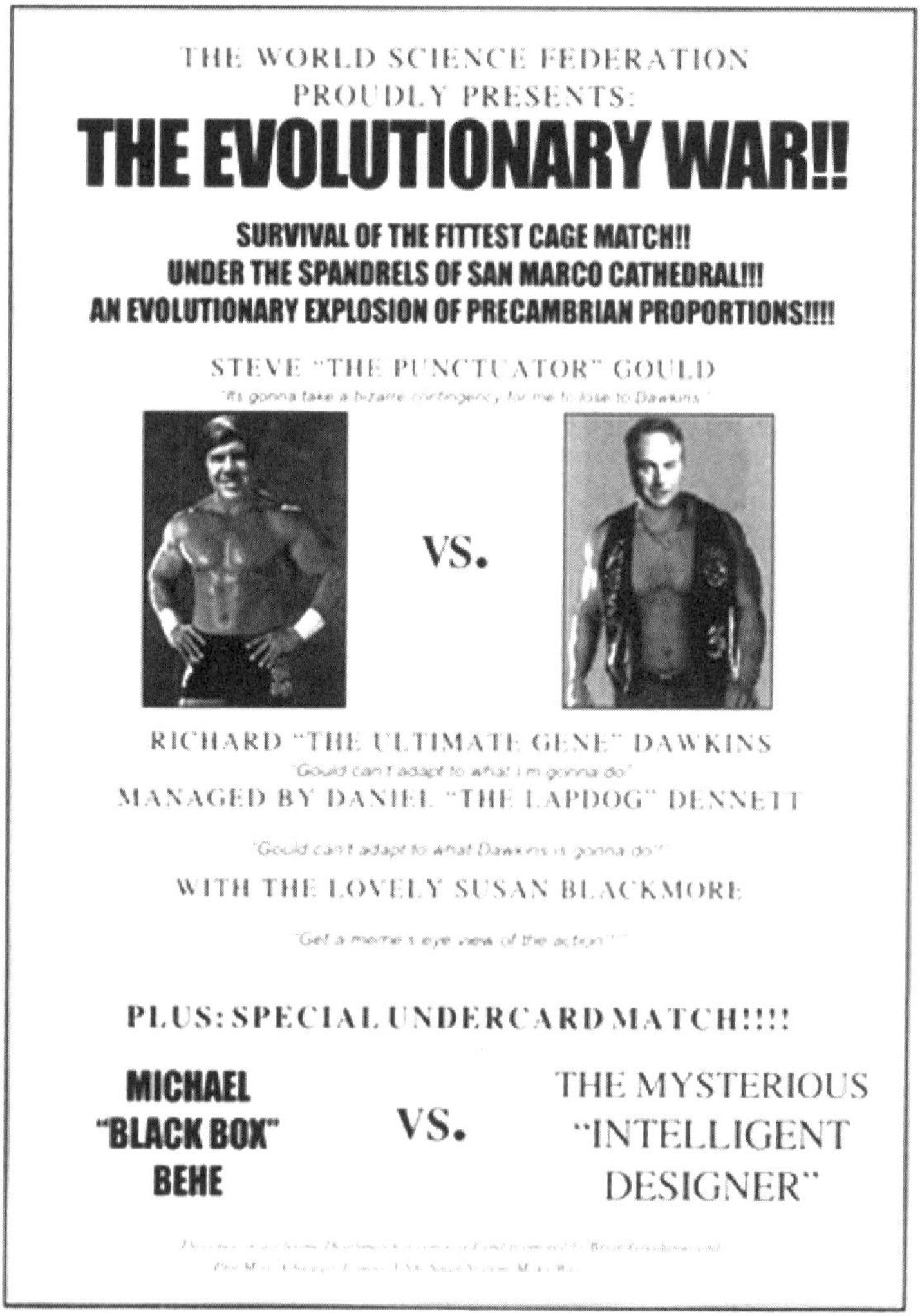

ドーキンスとグールドの論争を金網デスマッチのポスターにした戯画。
"The Evolutionary War", *Annals of Improble Research*, Vol.6, No.5, September / October 2000.

1章　アフリカに生を受けた合理主義者

ドーキンスは一九四一年三月二六日に英領ケニア（現在のケニア共和国）の首都ナイロビで生まれた。当時のナイロビはイギリス南部のサウザンプトンから南アフリカのケープタウンに向かう旅客機や郵便機の中継基地として重要な位置を占めていた。

ドーキンス一族はリンカーン伯爵クリントン家の末裔で、ドーキンスの正式な名前はクリントン・リチャード・ドーキンスである。祖父はビルマ（現在のミャンマー）植民地政府の森林保護管をつとめたが、父親のジョンも、英国保護領ニヤサランド（現マラウイ共和国）の植民地政府の森林保護管をしていた。第二次世界大戦の勃発により、父親はイタリア軍の東アフリカ侵攻に対抗する連合国軍の一員として徴兵され、ケニアに派遣されることになった。

母ジーン・メアリー・ヴィヴィアン・ドーキンス（旧姓ラドナー）は、息子の言によれば、ニヤサランドに残っているようにという指示に従わず、私をお腹に入れたまま、でこぼこの泥道で車を運転し、無標識の、幸い警備員のいなかった国境を越えてケニアに行き、その地で私は生まれ、二歳まで暮らした［1］。

そのあと、四三年のイタリア軍の敗退とともに、ニヤサランドに戻った。ニヤサランド時代の生活を知る手がかりはあまりないが、『祖先の物語』〔2〕の「キツネザルとその仲間」という項には、ドーキンスが三歳のとき、家で現地のアフリカ人から買ったガラゴのこどもをペットとして飼っていて、このガラゴはよく蚊帳のてっぺんに駆け上っておしっこをしたことが語られている。

幼いときから実証的な知的好奇心の萌芽が見られ、奇妙な姿をしたトカゲ（あとで、両親からそれがサソリであることを教えられ、知らない動物にちょっかいをだしてはいけないと厳しく戒められたそうだ）が這っていく進路に足を置いて、そのトカゲがどうするかを見たのが、私のはじめての動物行動学の実験だったとも語っている〔3〕。

一九四六年に父親は従兄からオックスフォード州のチッピング・ノートン近郊にある農場を遺産相続し、一九四九年、彼が八歳のときに、一家は英国に帰国することになる。ナイロビ時代については、おぼろげで断片的な記憶しかないと語っているが、ニヤサランドであれ、ケニアであれ、アフリカの豊かな自然が幼いドーキンスの世界観に有形無形の影響を及ぼしたであろうことは想像にかたくない。

英国の暮らし

農場主となった両親は、上位中流階級のごく平均的な国教会員であった。英国国教会はもともとカトリック教会であったが、一六世紀にヘンリー八世の離婚問題を契機にローマ教皇庁と対立し、ときの教皇クレメンス七世によって破門され、一五五八年、エリザベス一世によって国教会となった。

国教会内部にはカトリック的要素とプロテスタント的要素が混在し、またさまざまな宗派が共存していたため、他宗教に対しても比較的寛容だという特徴をもつ。

また英国では、一九八〇年代以降、宗教、ことに国教会の世俗化が急速に進んでいる。世論調査の結果によれば、一九六八年には七七％が神を信じていたが二〇〇六年の調査では、四四％に減少し、逆に信じない人は一一％から三五％に増え、教会に通う英国民は八％台に落ちているという。

英国のコラムニストのブライアン・アップルヤードは、二〇二〇年には、教会員は二五〇万人くらいまで減少し、国教会の教会経営が破綻に瀕するのではないかと憂えている［4］。言ってみれば、国教会は日本における仏教や神道と同じように、祭事や儀式のときにだけしか必要とされない存在のようで、米国における宗教事情とは著しい対象を示している。こうした状況がドーキンスの無神論が許容される一つの要因であると考えられる。

ドーキンス自身は、舞台演出家で無神論者のジョナサン・ミラーとの対談で、自らの宗教的遍歴について、次のように述べている。

私は普通の国教徒として育てられました。初めて信仰を疑うようになったのは、非常にさまざまな宗教があって、すべてが正しいということはありえないことに気づいたときです。……宗教に対する疑いが芽生え、その結果、九歳ころに、信者ではなくなっていたと思います。でもそれからまた信仰を持つようになりました。……

九歳から一五歳までは非常に信心深かったと思います。祈りもしています。寄宿学校では、礼拝堂へ忍び込んで祈りをささげて、天使なんかの幻影も見ました。……それから堅信を受ける準備をしていたのも覚えています。堅信礼など当時でもあまり意味のないものだと思っていましたが。なんというか、無理矢理に自分を信仰させようとしていたんでしょうね。それも一六歳くらいまでです。

私は、生命のとてつもない複雑さをすごいと思うようになりました。でもそのころダーウィン主義的な説明というのは知りませんでした。ですから何かがあたかもデザインされたように見えれば、それはたぶん誰かがデザインしたんだろうという素朴な考えをしていました。……

やがて、デザインというのは生命の複雑さを説明するには非常によくないという風に考えるようになりました。そこには無限回帰があります。デザインを説明するにはデザイナーの存在を説明しなければなりません。ですからこれはあまりいい説明ではないのです。最終的に一六歳になって、ダーウィン主義を発見しました。ダーウィン主義を教えられて、生命の複雑性を十分に説明するだけでなく、すばらしくて、衝撃が走るくらい単純な説明があるということを理解しました。それがダーウィン主義にもとづく進化論だったのです[5]。

叔父コリアーとサンダーソン校長

父親はオックスフォード大学で植物学を学んだ科学的思考の持ち主で、両親とも宗教的な世界観を強制することはなく、幼いドーキンスの質問に科学的な解答をしてくれたという。しかし、青年期にいちばん大きな影響を与えたのは父親の末弟である叔父のH・コリアー・ドーキンスだったらしい。

コリアーはオックスフォード大学セント・ジョンズ・カレッジの統計生物学者で、のちにオックスフォード大学森林研究所に勤め、熱帯森林の保護管理に関する本を出している[6]。ドーキンスは、「いまでも無意識のうちに彼の教え方をまねようとしているのではないかと思っている。彼の話はすばらしかった」[7]と語っていて、『遺伝子の川』で彼に献辞を捧げている。ちなみに、子供時代のドーキンスのヒーローはヒュー・ロフティングのドリトル先生であり、大きくなったらＳＦ小説を書きたいと思っていた。

先のジョナサン・ミラーとの対談に出てくる寄宿学校とは、オーンドル校のことである。オーンドル校はイングランド中部ノーサンプトン州にあるパブリックスクールで、一五五六年に当時のロンドン市長サー・ウィリアム・ラクストンによって創設された由緒ある学校である。現在では、一〇〇〇人を超える生徒を擁し、生徒数ではイートン校、ミルフィールド校につぐ第三位を占める。自由闊達な教育でありながら優秀な人材を育成するというオーンドル独自の校風は、一八九二年から一九二二年まで校長をつとめたフレデリック・Ｗ・サンダーソン［1857 - 1922］の功績が与って大きいとされる。

サンダーソンは生徒が自分の頭で考えることを重視し、物づくりの実践を授業にもちこむなど、冒険精神に満ちあふれた偉大な教育者で、H・G・ウェルズによる伝記がある。ドーキンスも、サンダーソン校長について、「危険な人生を生きる喜び」という感動的な小品を書いている〔8〕。

多数の有名な卒業生がいるが、生物学に関していえば、オックスフォード大学動物学教授となり、後のドーキンスの人生と少なからぬ因縁をもつサー・アリスタ・ハーディやケンブリッジ大学の発生学者として名声を得たのち、中国科学技術史の研究に転じ、大著『中国の科学と文明』を著したジョゼフ・ニーダムがいる。ドーキンスはウィルトシャーの学校で初等教育を終えると、父親の母校でもあったオーンドル校に入り、思春期をここですごすことになる。

寄宿舎時代のドーキンスの生活の一端をうかがわせる文章が『祖先の物語』の「フジツボの物語」にある〔9〕。なにか知らないが、仲間と秘密の課外活動をよくしていたらしく、夕食の時間に遅刻することがあり、そのつど、いいかげんな口実をつくって言い訳をしていたという。そして、口実の種がつきたときにもちだしたのが、「先生すみません遅れました。バーナクルズ（蔓脚類）です」というものだった。この訳のわからない口実に対して、先生はいつもやさしくうなずくだけだったと書かれている。

ドーキンスの書きぶりからすると、先生はなにもかも承知のうえで、黙認してくれていたようである。こうした校風もまた、ドーキンスのリベラルな思想形成にあずかったにちがいない。生物学のトマス先生によれば、ドーキンスは生物学の授業にとくに熱心ということはなく、いかなる意味でもナチュラリストとは言えなかった。

アッテンボローをもってしても

ドーキンス自身が短い自伝〔10〕で語るところによれば、ドーキンス家は祖父母から、叔父叔母を含めて一族がみなナチュラリストで、父母は周囲の動植物を学名で教えてくれたという。しかしドーキンスは動物の名前や形態にはあまり興味がなく、それよりも動物が次に何をするべきかをどのようにして知るのかということのほうに関心があった。

あるとき、祖父がアオガラを指して、あの鳥の名はと尋ねられ、ズアオアトリと答え、祖父をいたく慨嘆させたという。それどころか、もう一人の叔父がディヴィッド・アッテンボローの友人で、アッテンボローが叔父の家を訪ねてきたとき、ドーキンスを含む子供たちを引き連れて野山を案内してくれた。だが、この当代きってのナチュラリストの薫陶をもってしても、ドーキンスをナチュラリストに転向させることはできなかったらしい。

しかし、生物学の理論には興味があり、その意味も十分に理解していて、それが週二時間のキリスト教科目で受け入れを強要される内容と合致しないことを悟り、日曜日の礼拝堂への出席を拒むようになる。寮長から苦情の電話があったとき、トマス先生は、「あの若者に日曜日ごとの礼拝への出席を強いるのは、彼を傷つけるだけです」と伝えたという[7]。

もっとも熱中したのは、さまざまな楽器類の演奏と、読書、それにコンピュータで、プログラミングが彼の思考法の形成に大きな役割を果たしてきたと思われる。成績は人並みで、ずばぬけていたわけではなく。卒業試験（Aレベル）に合格したあと、トマス先生が両親に、この成績ならカレッジを問わないならばオックスフォード大学になんとかひっかかるかもしれないが、ベリオール・カレッジ（三九あるカレッジのなかで、二番目に古い一二六三年の設立で、三大カレッジの一つ。学生にもっとも人気がある）には入れないですよと伝えた。

ドーキンス家では代々ベリオール・カレッジに行くことになっていたので、ドーキンスはあくまでベリオール行きを志望し、トマス先生は夜に彼を自宅に呼んで無報酬で補習してくれ、そのおかげで、無事に合格できたという[10]。

＊

一九五九年にオックスフォード大学ベリオール・カレッジに入学、六二年に卒業したあと、生物学教室にとどまり、ニコ・ティンバーゲンの指導を受けて、博士号を得ることになるが、大学入学後の人生については、第3章に譲ることにしよう。

幼少期のドーキンスを振り返ってみれば、超エリートとまではいえないとしても、アカデミックな家庭に生まれ、英国の上流社会に典型的な学生生活を送ったエリート少年であったのはまぎれもない。ただ、無類の理屈好き、信仰に対する疑いという後年の特徴はすでにして、明らかであった。

2章　ティラノサウルスに魅せられた古生物学者

スティーヴン・ジェイ・グールドは、一九四一年九月一〇日、父レナード、母エレノア（旧姓ローゼンバーグ）のグールド夫妻の長男として、ニューヨーク市クイーンズ区に生まれた。クイーンズ区はニューヨーク市の五つの行政区分の一つで、移民の多い地区として知られ、二〇〇五年の調査では、居住者の半数近くが移民であり、二〇一〇年には過半数を超えたとされている。父親は裁判所の速記者、母親はタイピスト（のちに画家となる）だった。父親について、グールドは、

私の父は、その世代の男たちの多くがそうだったように、いくつかの事情が重なったせいで大学教育の機会を失った。……しかしレナード・グールドは、とても知的な男で、鋭い洞察力と幅広い興味の持ち主だった。……引退後の読書生活の多くを古人類学の一般書と専門書に費やした[1]。

と書いている。野球好きも父親の影響のようで、

父のけっしてよいとは言えない給料で、私たちはヤンキース戦を三塁側の上のほうの席から観

戦したものだ。しかし判事のひとりがシーズン・チケットをもっており、判事閣下が行けないときには、下のボックス席に座れることがあった[2]。

そして、ディマジオのファールボールを父親がキャッチ。彼に送ったところ、サインをして返送してくれたということなどもあり、終生のヤンキース・ファンになる。

屋根葺き職人であった父方の祖父については、ほとんどなにも語られていないが、母方の祖父は、グールドのエッセイ集にたびたび登場する。

わが愛蔵書のなかで、一八九二年出版の布製の地味な本を個人的な値打ちにおいてしのぐものはない。その本とは、カンザスシティ教育長J・M・グリーンウッド著『英語文法教本』。ハンガリーから移住してきた私の祖父が所有していた本で、扉にはヨーロッパ調の達筆で「ニューヨーク市ジョーゼフ・A・ローゼンバーグ所有」とある。そしてそのすぐ下には、どんな文句よりも雄弁に事情を物語る鉛筆の書き込みがなされている。「一九〇一年九月一一日上陸」と。

パパ・ジョーは、私が一三歳のときにこの世を去った。……祖父は芸術的感性あふれる人だったが、……若い頃はとても歌がうまかったと聞いている。……その才能を導き手として、低賃金長時間労働を強いる工場での布裁断工から身を起こし、ブラジャーとコルセットのデザイナーとして中流の生活を送るまでになった[3]。

祖父がハンガリーからの移民としてニューヨークのエリス島に上陸したこの記念すべき日からちょうど一〇〇年後の二〇〇一年九月一一日に、ニューヨークの世界貿易センタービルで起こった惨劇をめぐる所感が、最終エッセイ集『ぼくは上陸している』[4]に収録されている（最終回のエッセイで、パパ・ジョーが乗ってきた船のことや、その父親、すなわちグールドの曾祖父が先に一九〇〇年に米国に到着していたことなどが明らかにされている）。

グールドの家系はユダヤ系アメリカ人なので、ユダヤ教の習慣やイディッシュ語は、自らのアイデンティティにかかわるもので、簡単に切り捨てられない。たとえば、あるエッセイに、「ユダヤ人移民であるわが一族では、……さまざまなジョークや昔話を披露するときだけは、すごい訛りの英語にイディッシュ語の軽快な響きが紛れ込んだり、頑なに母語にこだわる人たちがイディッシュ語を話していたりしていたのをはっきりと覚えている。……私の家族の中で、最後までイディッシュ語を話していた女性が一〇〇歳でこの世を去ったのは、一九九三年のことだった」[5]という記述がある。グールド自身は不可知論者で、いかなる教会にも宗派にも属していないし、信心深い人間でもないと言っている。両親はマルクス主義者で、信仰を捨て、グールドにバルミツヴァー(成人式)の儀式さえ施さなかったが、ユダヤ人の歴史と遺産には深い敬意を払っていたという。創造論者をあれほど批判しながら、異なる教導権のもとにあるとして、宗教に寛容なのは、生まれ育ったユダヤ教社会に対する配慮も一つの要因になっているのかもしれない。

過去の動物に魅せられた少年

アマチュア・ナチュラリストだった父親に連れられていったアメリカ自然史博物館で恐竜の骨格標本を見て、古生物学者になることに決めたとされる話はいろいろなところで語られている。たとえば次のようなものである。

五歳ぐらいの頃、私は父にアメリカ自然史博物館へティラノサウルスの見物に連れていってもらったことがある。その化石動物を見上げていたとき、一人の男が大きなくしゃみをした。私は息が止まりそうになり、あやうく〈シェマー・イスラエル〉を唱えそうになった。ところがその巨大な動物は壮大な骨組みで身じろぎもせずに立ちつづけていた。そこを離れるとき、私は大きくなったら古生物学者になると、公言してしまったのである〔6〕。

この博物館の脊椎動物部門のキュレーター（管理責任者）だったエドウィン・ハリス・コルバート〔1905－2001〕は彼の少年時代のヒーローで、八歳のときに、恐竜に関する詩を書いてコルバートに送っている。しかし、グールドが古生物学者を志すにあたってはもう一つの契機があり、そのことについては、遺作となった『進化思想の構造』にくわしく語られている。

私が科学とはじめてかかわりをもつ二つの出来事があった。一つは五歳のときにアメリカ自然史博物館でティラノサウルスに出会って古生物学に惚れ込んでしまったことで、もう一つは、一一歳のときにG・G・シンプソンの『進化の意味』を、ものすごく興奮しながら、しかしほとんど内容を理解できないまま読んで、進化に惚れ込んだことだった。この本は、知識欲はあるがあまり豊かでない人々向けのブッククラブの会員になっていた両親が、「今月は欲しい本がありません」という葉書を返送し忘れたときに、注文した覚えがないのに送られてきたものだった

（しかし、表紙カバーに恐竜の小さな線画が描かれていたので、私は返却しないでほしいと懇願した）。というわけで、最初から、私の学問的な関心は、古生物学と進化を結びつけていたのである[7]。

初等教育は地元のクイーンズ区立第二六小学校で受けるが、先生に恵まれたようで、『パンダの親指』は、この小学校の三人の先生に捧げられている。また、この小学校から盗まれたとおぼしき三学年用の『過去の動物たち』という本をのちに手に入れて愛蔵しているとも書かれている。

小学校を出た後、地元のジャマイカ高校（直近の集計では生徒の四五％がアフリカ系、二五％がアジア系、一九％がヒスパニック系、白人一％。つねに危険な学校のリストに挙げられていたが、ここ数年、生徒の卒業率が五〇％まで落ちたため、二〇一二年に、段階的縮小が決定され、いくつかの専門高校に分割されることになった）に進学する。

ニューヨークにはブロンクス科学高校という理系の有名高校があるのになぜいかなかったのだろう。ブロンクス科学高校は、一九三八年に創設されたエリート高校で、全米を通じて最高の高校の一つに数えられている。卒業生のほとんどがアイヴィー・リーグ校を中心とする四年制大学に進学し、卒業生のなかには、レオン・クーパー、シェルドン・グラショー、スティーヴン・ワインバーグ、メルヴィン・シュワーツ、ラッセル・ハルス、デイヴィッド・ポリツァー、ロイ・グラウバーという七人のノーベル物理学賞受賞者がおり、ピュリッツァー賞受賞者も六人にのぼる。

『ニューヨークタイムズ』に掲載された対談で、なぜブロンクス校にいかなかったのかと聞かれたのに対して、グールドは、学校までが遠くて、片道バスと地下鉄で二時間もかかり、「これから先三年間、一日四時間も通学に使うのは馬鹿らしいと思った」からだと述べている[8]。

異端を愛でるコレクター気質

少年時代のグールドについて特筆すべきは、コレクターであったことだ。母親エレノアの証言によれば、五、六歳ごろから海岸で貝殻を集めはじめ、そのほかに化石や、野球カード、切手なども集めていたようで、典型的なコレクター気質を示している。タバコの箱も集めていたので、母親に毎回異なった銘柄のタバコを吸うようにすすめたという。そして貝の分類に関して、こう述べている。

八歳の頃、ロオクアウェイ・ビーチの貝コレクターだった私は、機能的だが非リンネ的な分類法を採用して、獲物を〈ふつう〉〈少ない〉〈珍しい〉の三つに分類していた[9]。

これは後のグールドを考えるうえで、重要な点である。コレクターは一般にありふれたものを軽視し、希少なものを珍重する。グールドのエッセイ集全体を通じて見られる、珍奇なもの、型破りな人物に対する偏愛は、典型よりも異端を愛でる精神から生まれたと思われるからである。化石収集は後年、彼の本業になるわけだが、それは若い時代の趣味の延長でもあった。

私は、若い頃ずっと化石収集をしてきた。少なくとも、アスファルトにかこまれたニューヨークの街を出ていけるまれな機会がめぐってきたときにはいつも。大学を卒業する頃には集めた化石は五箱にのぼり、私はラベルを貼って、それらをすべて分類・整理した。質・量ともにたいへん自慢だった[10]。

少年時代の読書について聞かれたインタヴューで、本を読むのは好きだったが、机にかじりつくタイプではなく、ふつうの子供と同じように遊んだり、読書をしていたと語り、好きな本として、北欧神話、ギリシア神話、『オデュッセイア』、『二都物語』、『ジュリアス・シーザー』などを挙げて、歴史好きの片鱗を伺わせている。もっとも影響を受けたのは、前記のシンプソンの『進化の意味』で、一四、五回は読んだと語っている[11]。

幼・青年期のグールドを振り返ってみれば、ニューヨークという都会の中で、労働者階級に属するが知識に対する強い渇望をもつ家族（祖父であるパパ・ジョーは、自分がついに受けることがなかった教育の機会を、自分自身や子供たちに提供しようと一念発起して、一九二〇年代にハーヴァード古典全集を購入していた）に育てられ、さまざまな人種の混在する学校で初等・中等教育を受けた。自らを含めて少数派（マイノリティ）の悲哀を日常的に感じて育ったはずで、人種差別や優生学に対する強固な反対は、おそらくこうした思春期の生活に根をもっていると考えられる。

高等学校を卒業したグールドは、古生物学者になるという夢を実現するために大学に進むのだが、それからの出来事については、第4章で語ることにしよう。

3章　ティンバーゲンとの出会い

オーンドル校を卒業したドーキンスは、一九五九年にオックスフォード大学ベリーオル・カレッジに入学し、動物学を専攻する。五歳の頃から古生物学者になろうと決心していたグールドとちがって、彼がこの道を選んだのは成りゆきで、一族のほとんどが生物学にかかわっていたという流れに身をまかせたにすぎなかった。けれども、動物学教室に入ってしばらくすると、賢明な選択だったと思うようになる。

ドーキンスはどんな対象であれ、理論的な仕事がしたかったのだが、生化学のような分野であれば、議論や推論をするためには何冊も教科書を読んで勉強しなければ、そもそも始めようがないが、動物の行動なら、すぐにでもいろんな推論をめぐらすことができるからだったという[1]。彼は生物が好きではあったが、コレクターではなかった。熱帯のジャングルや動物の驚くほど奇妙な動物の姿に目を奪われるのではなく、

本当の意味で私を魅了したのは、そうしたものすべて……樹木にからみついて昇る寄生植物、林床を這いまわるアリ、驚くようなイモリ類……が、果てしなく複雑で、こんがらかったやり方で、遺伝子を増殖させるという基本的に同じことをやっているという事実だった。それを理解する喜びは、私にとって魅力的だった[2]。

ダーウィンの進化論は、まさに彼の願いを満たすものであった。そして、大学ではニコ・ティンバーゲンとの運命的な出会いが待ち受けていた。

ティンバーゲンとローレンツ

ご存じのように、ティンバーゲンは、コンラート・ローレンツ、カール・フォン・フリッシュとともに、エソロジー（動物行動学）という分野の創建に与った貢献に関して一九七三年度のノーベル医学生理学賞を受賞した。エソロジーがどのように発展していったかについては、W・H・ソープの『動物行動学をきずいた人々』（小原嘉明ほか訳、培風館）で要領よく概説されているので、関心のある人はそちらを参照されたい。簡単にいえば、それまで心理学において本能というブラックボックスにおさめられていた動物の行動を、一つの形質ととらえ、各種の動物の行動の比較を通じて、その行動の意味と進化を明らかにしようという学問である。ローレンツの言葉を借りれば、これは「ダーウィン進化論の原理を行動に適用するもの」〔3〕にほかならなかった。

ティンバーゲンは一九〇七年にオランダのハーグで、五人兄弟の第三子として生まれた。本来の名前はニコラス・ティンベルヘンだが、一九五五年に英国で市民権を得て以後は、ニコ・ティンバーゲンと名乗る。ティンバーゲン兄弟は秀才の誉れ高く、長兄のヤンは第一回のノーベル経済学賞を受賞している。三九歳の若さで自殺した弟のルークも将来を嘱望された鳥類学者であった。

ニコは、ライデン大学に進んで動物学を学ぶが、最初のうちはスケート、棒高跳び、ホッケー（ナショナルチームの選手にさえなった）などのスポーツに熱中してあまり研究をしなかったが、しだいに野外の動物の行動に関心を寄せるようになり、ジガバチ、カケス、カモメなどを相手した巧妙な野外実験で成果をあげる。研究の中身については、自伝的な著作〔4〕および論文集〔5〕に詳しい。一九三一年、ライデン大学の助手、三六年講師となる。

一九三六年にローレンツがライデン大学を訪問した際にティンバーゲンに会う。出会いの席でローレンツは、ティンバーゲンのイトヨの行動に関する研究を激賞した。ローレンツはエソロジーの理論的な枠組みは構築していたが、自分が理論屋であって実験屋でないことを自覚していたので、ティンバーゲンの実験の才に惚れ込み、共同研究を提案した。カモメの卵転がし運動の解析は、二人の共同研究が生んだ成果の一つである。

しかし戦争が二人の仲を引き裂く。オーストリア人ローレンツはドイツ軍の軍医として招集され（そのため、戦後ナチスの協力者だったという非難を受けることになる）、最終的にはソ連軍の捕虜となるが、終戦後なんとか無事帰国する。ティンバーゲンのほうは、ライデン大学がユダヤ人スタッフ三名の除籍を決定したことに抗議して逮捕され、一九四二年から四四年まで、オランダの収容所で過ごす。

戦後、復職し、四七年に教授に昇進する。しかしフィールド研究の予算が乏しいために、研究の進展がままならなかった。そこへ、当時オックスフォード大学動物学教室のアリスタ・ハーディ教授から、オックスフォード大学の動物行動学の講師として来ないかという誘いを受ける。個人としては教授から講師への降格であり、給与も増えるわけではなかったが、ハーディ教授が奔走してさまざまな助成金を集めてくれることになっていたので、雑用に煩わされることなく、十分な研究費を使うことが期待できた。

ティンバーゲンがオックスフォード行きを選んだもう一つの理由は、旧友のデイヴィッド・ラックが鳥類学研究所にいるほか、ハーディ教授のもとに、チャールズ・エルトン、ジョン・ベイカー、アーサー・ケインといった新進の生態学者がいて、新しい研究の方向を展開するうえで示唆を与えてくれるだろうと考えたことである[6]。

ティンバーゲンの論文集の序文で、ピーター・メダワーは、ハーヴァード大学からも招請があったと書いている〔7〕、もし、ティンバーゲンが米国に行っていれば、ドーキンスとグールドをめぐる物語も大きく筋書きが変わっていたかもしれない。

動物の行動に関する四つの問い

エソロジーについてのティンバーゲンの基本的な考え方は『本能の研究』〔8〕に示されている。この本は一九五一年に出版されたが、そのもとになったのは、一九四六年から四七年にかけての冬に、アメリカ自然史博物館とコロンビア大学（いずれもグールドの本拠地である）の後援を受けて、ニューヨークでおこなった連続講義であった。ティンバーゲンは、そこで、有名な、動物の行動に関する四つの問いを提案している。

（1）行動のメカニズム、すなわちどのような刺激によって引き起こされ、学習によってどう修正され、いかなる生理的機構によって成立するか。

（2）個体発生、すなわちその行動はいかなる段階を踏んで発達してくるか、発達に必要な条件はなにか。

（3）その行動は他の動物ではどうなっていて、どのようにして進化してきたのか。
（4）その行動は、その動物が生き残る可能性をどれほど高めるか、すなわち、適応価はなにか。
この四つの問いは、現在でもなお、行動に関する研究の基本と見なされている。

前二者の答えは、とりあえずの原因という意味で、至近（近接）要因、後二者の答えは、究極的な原因という意味で、究極要因と呼ばれる。至近要因の研究は実験が中心になるのに対して、究極要因の研究は理論的なものが中心になる。

ティンバーゲン・グループの研究は初期における純粋のエソロジーとしての至近的な行動解析から、しだいに理論的で究極要因的な側面に傾斜していき、いわゆる行動生態学の拠点となっていく。前者のグループの弟子としてはオランダ以来の弟子で、ハイエナの研究で有名なハンス・クルーク、ゾウの行動観察で知られるダクラス・ハミルトンのほか、『裸のサル』で有名なデズモンド・モリスなどがおり、理論的な側面を代表するのがジョン・クレブスとリチャード・ドーキンスである。なお、ティンバーゲンについてはハンス・クルークによるすぐれた伝記がある[9]。

ドーキンスは、学部学生のときに、ティンバーゲンの授業を受ける。ある講義で紹介されたのは、ヨーロッパにいる二種のヒナバッタに関する論文であった。この二種は昆虫学者でさえ識別できないほど互いに非常によく似ているにもかかわらず、野外で出会っても交雑することがない。ちがっているのは求愛の鳴き声で、そのために交雑せずに、別種とされている。しかし、生理的に交雑が不可能なわけではなく、ニセの鳴き声を聞かせることでだまして人為的に交雑させれば、繁殖力のある雑種ができる。

この論文を教えられたとき、ドーキンスは悟ったのだった。

こういう問題に直面したときに、どういう実験を設計すればいいかが感覚としてわかり、また進化におけるこの最初の段階の重要性もわかった。この論文ではたまたまバッタだったが、地球上のあらゆる種が同じ段階を踏むのだ。すべての種は一つの祖先種から分岐したのであり、この分岐の課程こそが種の起原なのだ[1]。

ドーキンスは大学二年生のときにティンバーゲンの指導を直接に受ける。オックスフォード大学では、学生は各教科の指導教官と一時間ほど面談したあと、教科書ではなく、最新の文献を読んで論文《エッセイ》を書くという指導がなされる。

ふつうの教官は論題に関係した論文のリストを学生に渡し、それを読んでまとめさせるのに対して、ティンバーゲン先生は、博士課程の院生の未発表の学位論文を手渡し、それに対する評価を書かせた。ドーキンスはそれを読み、文献を調べ、将来になすべき研究を考察するという課題を与えられたのである。言ってみれば、学位論文の審査員の役をさせられたわけである。そしてまた翌週には、また別の未発表論文を与えられたという[10]。ドーキンスによれば、ティンバーゲンは「私の書いたエッセイを気にいってくれ、おべんちゃらのようなことも言って、博士課程で研究を続けるように勧めてくれた」[2]。これが運命の分かれ目だった。

ドーキンスは一九六二年に大学を卒業後、ティンバーゲンのもとで博士課程まで研究をつづけ、学位をとる。学部時代にティンバーゲンから受けた授業でドーキンスが、もっとも強く印象を受けたのは、行動の機構（behavior machinery）とそれが生存のための装備（equipment for survival）であるという二つの言葉で、のちに『利己的な遺伝子』を書くときに、この二つを結びつけて「生存機械（survival machine）」という言葉をつくることになる[2]。

大学院生として与えられた課題は「行動の個体発生」で、彼が最初におこなった実験の一つは、孵化したばかりのヒヨコが光の当たり方で穀粒の天地を識別することを証明する実験であった。最終的な博士論文[11]は、ヒヨコがまわりの対象物をどのような基準で選り好みしてつつくかに関するものであり、当時のまだパンチカード式のコンピュータを駆使して意思決定の数学的なモデルを構築した。

カリフォルニア大学バークリー校の生物学者ジョージ・バーローは、一九六七年の国際動物行動学会でドーキンスの発表を聞き、聴衆を魅了したみごとな講演に感服し、その年のうちに、準教授というポストの提供を申し出る。ドーキンスは受諾するが、出発の直前にマリアン・スタンプ（離婚後もマリアン・ドーキンスを名乗り、現在では、オックスフォード大学サマーヴィル・カレッジで動物学の教授をしている）という、同じティンバーゲン門下の研究者と最初の結婚をし、新婚旅行を兼ねてカリフォルニアに出発した。バーロー家の子供たちは、この新婚夫婦になつき、きわめて友好的な関係をきずいたとされる。

ドーキンスが非政治的だという友人たちの印象に反して、バークリー時代のドーキンス夫妻は、反戦デモに何回か参加し、ユージン・マッカーシー大統領候補の選挙キャンペーンにもほんの少しかかわったという[10]。

六九年までこの職について動物学を講じるが、一九七〇年に、アリスタ・ハーディの二代後の動物学教授であるリチャード・サウスウッドのはからいで、オックスフォード大学、ニュー・カレッジの動物学講師として呼び戻される。ニュー・カレッジで、あの『利己的な遺伝子』を書き上げるのだが、それにまつわる物語は、第5章に譲ろう。

4章　古生物学の聖地を目指して

ジャマイカ高校を優秀な成績で卒業したグールドは、オハイオ州イエロースプリングにあるアンティオーク・カレッジ（単科大学）に入学する。この大学は一八五二年創設という名門校だが、一九四〇年代から反人種差別などを中心とする左派活動家の拠点として知られており、マッカーシズム旋風のなかでの非米活動委員会の圧力にもかかわらず、共産主義思想をもっているという理由で学生や教員を追放することを学校当局は拒否した。

また全米で黒人の入学を認めた最初の白人大学でもあり、数多くの進歩派学者や活動家を輩出してきた（二〇〇八年に財政難のために閉校となったが、再建を目指す募金活動の成果として、二〇一一年に定員四〇〇人の小規模なリベラル・アーツの大学として再建された）。

グールドがこの大学を選んだのには、そうした思想的背景があったのかもしれない。実際に、グールド自身が、学生時代、人種差別に反対する公民権運動で、かなり積極的な活動家であったと語っている。この大学は専門知識の獲得だけでなく全人格の向上を目標にしていることでも有名だったが、多数の言語に通じたグールドの深い文化的教養は、むしろ個人的な資質によるものだったろう。

彼は言語には進化と通じるものがあり、多様な言語を学ぶことは、多様な文化的伝統や思考方法を知るうえできわめて重要だと考えていた。多くの言語を独習したが、ラテン語に関しては例外で、二六歳になるまでの数か月間、徴兵逃れの条件として大学に在籍するために、ラテン科目だけをとくに履修したという[1]。

ジャマイカ高校からアンティオーク・カレッジにかけての同級生で、生涯の友人であった左派活動家のジェフ・マックラーは、グールド死後の追悼記事で、大学時代二人は講演競争をし、マックラーがカストロやチェ・ゲバラなどの急進的人物について熱弁をふるったのに対して、グールドは「二枚貝の生殖活動」について滔々と語って、圧倒的な学生の支持を勝ち取っていたと述べている。そして「スティーヴの講演は、生涯を通じての著作と同じように、大好きな野球にまつわることや、ギルバートとオサリバンのオペレッタへの魅力から、人種的劣等という久しく論駁された観念の分析まで、さまざまな思いがけない言及で満ちあふれていた」[2]と、語っている。

古生物学者への第一歩

一九六三年に生物学を修めて卒業すると、いよいよ、古生物学者を目指して、コロンビア大学大学院の進化生物学と古生物学の研究室に入る。コロンビア大学は一七五四年に創設された米国で六番目に古い大学で、アイヴィー・リーグの一つである。ニューヨーク州マンハッタン区に本部があり、研究機関として世界のトップクラスの地位を誇っていて、あらゆる部門で多数のノーベル賞受賞者を出している。進化論とのかかわりでいえば、コロンビア大学は二つの分野で中心的な役割を果たしてきた。

一つは、モーガン一派の遺伝学である。一九〇四年にコロンビア大学の教授となったトマス・H・モーガン［1866－1945］は、ここにショウジョウバエ遺伝学の拠点を築き、分子生物学につながる現代遺伝学の発展をもたらすことになる。その功績によってモーガンは一九三三年にノーベル医学生理学賞を受けた。

彼のもとからは、ハーマン・H・マラーやジョージ・W・ビードルといったノーベル賞受賞者を含む多数のすぐれた研究者が輩出した。モーガンはその後カリフォルニア工科大学に移るが、多くの弟子を帯同した。そのうちの一人にテオドシウス・ドブジャンスキー［1900－1975］がいる。ドブジャンスキーはロシアの生まれで、キエフ大学を卒業後、研究所勤務を経て、一九二七年に渡米し、モーガンのもとで遺伝学研究をつづける。集団遺伝学の確立者の一人で、『遺伝学と種の起原』（原著出版一九三七年）〔3〕において、進化を「遺伝子プール内の遺伝子頻度の変化」と定義することによって、進化論と遺伝学を統一的に理解する進化の総合説（ネオ・ダーウィン主義）に大きな貢献をすることになる。

ドブジャンスキーは一九四〇年にコロンビア大学に戻り、六二年まで教授を務めたのち、ロックフェラー研究所に移り、七一年に引退後も、カリフォルニア大学デイヴィス校で研究をつづけた。というようなわけで、コロンビア大学の遺伝学教室は、進化論の歴史において重要な位置を占めるわけである。ちなみに、後に社会生物学論争でグールドとタッグを組んだリチャード・ルウォンティンもコロンビア大学時代のドブジャンスキーのもとで、集団遺伝学的研究をおこない、動物学の博士号を得ている。グールドは先行する三人の偉大な進化生物学者としてドブジャンスキーの名を挙げている（残りの二人は後述のG・G・シンプソンとエルンスト・マイア）[4]。

コロンビア大学が進化論にかかわるもう一つの重要な分野が古生物学である。五歳のグールドを魅了したティラノサウルス・レックスの名付け親、ヘンリー・F・オズボーン［1857 － 1935］は、一八九一年からコロンビア大学の生物学、および動物学（一八九六年から）の教授を務め、同時にアメリカ自然史博物館のキュレーターを兼務し、一九〇八年から三三年まで館長職にあった。グールドの少年時代のヒーローで、恐竜の世界的権威の一人であったエドウィン・ハリス・コルバートも、ここで修士および博士の学位をとっている。

館長だったオズボーンの招きで、一九二七年にアメリカ自然史博物館のアシスタント・キュレーターとなったのが、ジョージ・ゲイロード・シンプソン〔1902 − 1984〕である。四二年には化石哺乳類部門のキュレーター、五九年から七〇年まで生物学部長。そして、四五年から五九年まではコロンビア大学の古生物学教授も兼任にする。さらに、五九年から七〇年までは、グールドの終の棲家となるハーヴァード大学比較動物学博物館のキュレーターに就任する。

シンプソンの存在

グールドが本気で古生物学を志す契機となったのがシンプソンの『進化の意味』〔5〕であったことはすでに述べたが、その経歴も含めて、シンプソンはドーキンスにとってのティンバーゲンに相当する存在といえる。ドーキンスの出会いが幸運に導かれたものであったのに対して、グールドは、自ら求めてシンプソンのいた古生物学の聖地へ向かったのである。従って、ここではシンプソンその人について、少しばかり述べておかなければならない。

シンプソンは一九二三年にイェール大学を卒業し、二六年に博士号を得て、一年間ロンドンに留学したのち、オズボーンに招かれたのである。米国西部および南米パタゴニア地方での精力的な化石発掘調査をおこない、新世界における絶滅哺乳類の進化と分布に多くの新知見をもたらした。もっとも重要な業績は、ウマの進化に関する従来の定説を覆したことである。

セオドア・アイマー［1843 – 1898］、エドワード・D・コープ［1840 – 1894］、オズボーンなど米国の古生物学者のほとんどは、化石に変化の方向性が見られることから、ダーウィンの自然淘汰説に反対して、生物の内在的な進化傾向を認める定向進化説を支持していた。この立場から、オスニエル・C・マーシュ［1832 – 1899］らは、ウマの進化についても単系統説をとっていた。すなわち、キツネ大で足の指が四本のヒラコテリウム（始新世）から、メソヒップス（漸新世）、メリキップス（中新世）、プリオヒップス（鮮新世）、そしてエクウス（現世）へと、直線的な系列でしだいに大型化しながら足指の数を減らし一本指になったと考えていたのである。

これに対してシンプソンは、一九四〇年代に、詳細で定量的な調査の結果、これらの化石種が、年代と地域を通じて環境の変化に適応しながら複雑な枝分かれてしていった系統樹の異なった枝を示すもので、直接的な子孫関係にないことを明らかにした（このシンプソンの業績についてはエッセイ集［6］で詳しく論じられている）。

後年グールドは、梯子型ではなく灌木型の系統樹を主張するが、その視点のそもそもの発端は、シンプソンのウマの研究にあった。科学史的には、反自然淘汰説の牙城であった古生物の世界で、シンプソンが適応進化を認めたことは、進化の総合説に大きな弾みを与えることになった。

また、シンプソンは『進化の速度と様式』〔7〕において、進化が急速に進む系統と非常にゆっくりと進む系統があることを指摘し、もっとも急速に進む場合を「非連続的進化（英語はquantum evolutionで、量子的進化と訳されることもあるが、内容からして適切ではない）」と呼んだ。シンプソンによれば、非連続的進化とは「不安定な状態におかれたある生物個体群が、祖先種がおかれているのとは明白に異なる条件に安定（均衡）した状態へと、比較的急速に移行すること」（同書二〇六頁）である。

重要な進化的変化が隔離された小さな集団で比較的急速に起こるメカニズムとしては、シューアル・ライトの提案になる遺伝的浮動を想定していた。シンプソンはこれによって、大きな進化的変異が、種の周辺部で、短期間に比較的急激な速度で起こるという、多くの古生物学的な発見を説明できると考えていた。その意味で、シンプソンは、のちの断続平衡説の先駆けとみなすことができる。

グールドがコロンビア大学の大学院に入ったときには、すでにシンプソンはハーヴァード大学に移ったあとであり、後任の教授としてノーマン・ニューウェル〔1909 - 2005〕がいた。ニューウェルはカンザス大学卒業後、シカゴ大学で博士号を得て、ウィンスコンシン大学を経て、一九四五年からコロンビア大学の教授となり、アメリカ自然史博物館のスタッフも兼任する。

グールドより二歳年下のナイルズ・エルドリッジも、ニューウェルの門下生である。ニューウェルは生命の歴史における大量絶滅の重要性を最初に指摘した学者の一人とみなされており、一九五〇年代に、その研究を始めたときには、まるで「荒野で叫ぶ声」のようであったとエルドリッジは評している。晩年は創造論批判に力を注ぎ、『創造と進化 ── 神話か現実か』〔8〕という本で、進化が科学的な事実であることを主として古生物学的な証拠に基づいて論証している。

こうして、グールドの創造論批判にも大きな影響を及ぼした師がいたのである。グールドは『ワンダフル・ライフ』をニューウェル先生に捧げている。

弱冠二五歳で教授に就任

私生活の面では、一九六五年にアンティオーク・カレッジで知り合ったデボラ・リーと結婚し（その後グールドと離婚し、画家および著述家となり、グロトン校で教鞭をとった）、ジェシーとイーサンという二人の子供をもうける（『千歳の岩』はこの二人に捧げられている）。

六六年には、弱冠二五歳にして、アンティオーク・カレッジで地質学教授の職を得る。バーミューダ諸島で見つかる化石陸貝類（ケリオン属など）の変異と進化に関する研究によって、六七年にコロンビア大学から博士号を得て、ハーヴァード大学に移り、七一年に準教授、七三年に地質学教授および比較動物学博物館無脊椎動物部門のキュレーターとなって、華々しい著作活動の時代に入る。以後の活躍については、第6章で述べよう。

5章　利己的遺伝子説の誕生

一九七〇年に、ドーキンスはオックスフォード大学のニュー・カレッジの動物学講師として呼び戻される。ティンバーゲンとの師弟関係が復活し、コンピュータを用いた動物行動の数理的な解析をつづけることになった。ところが、一九七四年の二月に、保守党政権下で四週間にわたる炭坑ストが起こり、政府は電力規制に踏み切り、週三日操業制を導入した。そのため、ドーキンスはコンピュータを継続的に使うことができなくなり、研究を中断せざるをえなかった。そこで、自由時間を使って、進化論に関する本を書くことに決めた。ただし、停電中に書けたのは二章だけで、最終的に完成するのは一年後になる。それがかの記念碑的な著作『利己的な遺伝子』(初版出版は一九七六年)である。

この本の構想は、カリフォルニア大学での講義を通じてすでにできあがっていた。ドーキンスが、ティンバーゲンの影響のもとに、行動のメカニズムを生存機構として理解しようという関心をもちはじめた一九六〇年代は、一九五三年のワトソンとクリックによるDNAの二重らせんモデル発見にはじまって、分子生物学が怒濤のような進撃をつづけ、六五年には、遺伝暗号の解読が完了していた。

進化生物学者への〝変身〟

行動が遺伝する形質であるという認識はエソロジー的研究によって確立されていたが、いまや、それを遺伝子の言葉で説明できる可能性が現実のものとなった。この状況のなかで、エソロジスト、リチャード・ドーキンスは、進化生物学者へと急速に変身をとげていった。

一九六五年に遺伝子のエソロジーという発想を思いつく。これは、非常に単純ではあるが驚くほど威力があった。遺伝子はどのような相互作用をしているのか、遺伝子は単独のときと集団のなかでは振る舞い方がちがうのかを問えばいいのである。エソロジストがミツバチやセグロカモメやチンパンジーの行動について問うのと、ゲノムや遺伝子の挙動について問うのは本質的に同じことではないか。

一九八九年の増補版の「まえがき」でドーキンスが述べているところによれば、

利己的遺伝子説は、ダーウィンの説にほかならず、ただ、それを遺伝子の視点から「遺伝子瞰図的に」表現したものにすぎない。したがって、正統ネオ・ダーウィン主義進化論の論理的な発展にすぎない。

遺伝子の視点から見たダーウィン主義は、R・A・フィッシャーをはじめとする一九三〇年代初頭のネオ・ダーウィン主義の大先達たちの著作の中で暗黙のうちに語られている。それを明白な形で述べたのは、六〇年代のハミルトンとウィリアムズだった。しかし彼らの表現はあまりにも簡明にすぎ、十分に言いつくされていないと私は思った。しかし、これを敷衍し、発展させたものをつくれば、生物に関するすべてのことが、……しかるべきところに収まるのではないかと確信した。当時、一般向けのダーウィン主義に浸透していた無意識の群淘汰主義を正すのに役立つよう、とりあげる例は社会行動に絞るべきだと考えた[1]。

これが、執筆の動機であったが、ここで、ネオ・ダーウィン主義あるいは進化の総合説と呼ばれるものについて、少し説明しておく必要があるだろう。

ネオ・ダーウィン主義とは

ダーウィンの進化論は、変異をもつ個体間の生存競争を通じての自然淘汰で進化を説明する。

つまり環境により適応した変異をもつ個体がより多くの子孫を残すことによって進化が起こるというわけである。この理論が成り立つためには、個体の変異が子孫に遺伝しなければならない。『種の起原』が刊行されたのは一八五九年、メンデルが遺伝の法則を発見するのが一八六六年、それがド・フリースなど三人の学者によって同時に再発見されるのが一九〇〇年だから、ダーウィンは遺伝のメカニズムがまったく不明な時代（自身は遺伝粒子ジェミュールによるパンゲン説という仮説を立てていたが、後に誤りであることが明らかになる）に、その進化論を構築したのである。

初期にはメンデル遺伝学はむしろ種の不変性を示すものであり、ダーウィンの自然淘汰説に対立するものとみなされることがあった。しかしやがて、ド・フリースの突然変異説やモーガン一派のショウジョウバエ遺伝学の発展によって、小さな突然変異と自然淘汰の組み合わせで進化が説明できるという共通認識がしだいに成立していく。しかし、適応的な変異が集団にひろがるメカニズムが明らかになるためには、集団遺伝学の発展をまたなければならなかった。

集団遺伝学の本格的な展開は一九三〇年代に始まる。フランシス・ゴルトン、カール・ピアソン、セルゲイ・S・チェトヴェリコーフなど数多くの先駆者がいるが、主要な貢献者として三人の名前をあげることができる。すなわちロナルド・A・フィッシャー［1890 - 1962］、J・B・

S・ホールデン〔1892 − 1964〕、およびシューアル・ライト〔1889 − 1988〕である。

フィッシャーは集団内における遺伝子分布を数理統計学的に扱う方法と理論を開発し、『自然淘汰の遺伝学説』〔2〕において、集団遺伝学の基礎を確立した。ホールデンは、有害な突然変異が集団の適応度に与える影響など、自然淘汰の具体的な側面の理論的研究で集団遺伝学に貢献した。『進化の要因』〔3〕は、自然淘汰による進化を数学的に説明したもので、総合説の代表的著作の一つといえる。ライトは、ライト効果と呼ばれる遺伝的浮動の発見者として名高い。

こうした集団遺伝学の発展をもとに、生態学その他の生物学分野を統合して、生物学の統合理論としての進化論をつくろうとする動きが一九三六年から起こり、一九四七年にプリンストンで行われた国際会議で、古生物学者を含めて、多方面の生物学者が合意に達した。この進化論が総合説、あるいはネオ・ダーウィン主義と呼ばれるものである。

総合説の主張を要約すれば、進化は小さな遺伝的変異に自然淘汰がはたらくことによって生じる漸進的な過程として説明できるというもので、大進化も基本的には、小進化の積み重ねによって説明できると考える。総合説の確立に関係した主要な人物として、前記三人のほかに、前章に登場したドブジャンスキーとシンプソン、そして『系統分類学と種の起原』〔4〕において異所的種分化の重要性を指摘したエルンスト・マイア、『植物の変異と進化』〔5〕を著したレドヤード・

ステビンス、そして、この考え方を『進化――現代的総合』[6]として世間にひろく知らしめたジュリアン・ハクスリーがあげられる。総合説は集団遺伝学をもとにしているので、自然淘汰の単位が個体ではなく遺伝子にあることが暗黙の前提になっている。

ドーキンスが、「R・A・フィッシャーらの著作で暗黙のうちに語られていること」と書いているのは、この意味である。しかし、総合説を認めている大部分の生物学者はこのことに無自覚で、とくに生態学、エソロジー、分類学など丸ごとの生物を扱う分野では、依然として、個体を単位とした自然淘汰が前提になっていた。ところが個体を単位とすれば、利他行動の進化を説明することができない。利他的な個体が利己的な個体との生存競争に勝てる道理がないからである。そこで、利他的な行動の進化については、たとえばコンラート・ローレンツのように、「種の利益（幸福）」という概念をもちださざるをえなくなる。

これは種ないしは個体群が淘汰の単位になるということであり、ネオ・ダーウィン主義進化論の前提と矛盾する（ただし、種淘汰や個体群レベルでの淘汰である群淘汰については、いまなお議論がつづいており、現在では、ごく限定された条件下で群淘汰が成立しうることが、数学的に証明されている。しかし群淘汰と称されているもののほとんどは、遺伝子レベルの淘汰で説明が可能である）。

ドーキンスが「一般向けのダーウィン主義に浸透していた無意識の群淘汰主義」と言っているのはこのことを指している。

ハミルトンの功績

利他的行動のような、個体にとって不利益な行動の進化を説明する理論が出てくるのは、一九六〇年代になってからで、本当の意味で遺伝子からの視点をドーキンスに開眼させたのは、ウィリアム・ハミルトン［1936 – 2000］が一九六四年の「社会行動と遺伝的進化」という論文［7］（この論文の発表に関しては、ジョン・メイナード・スミス［1920 – 2004］とのあいだで、微妙ないきちがいがあり、科学史的に興味深いが、本書の主旨からは逸脱するので、ここでは述べないことにする）で明らかにした血縁淘汰説の根拠となる包括適応度という概念である。

論文そのものには専門家でも簡単には歯が立たないほど難解な数式がでてくるが、ハミルトン本人は、昆虫少年の心をもったまま大人になったナチュラリストであった。世間の常識に無頓着なために、数々の奇行が伝えられ、金銭的にも恵まれることがなかった（自伝には、母親が金儲けを軽蔑し、息子の昆虫研究を奨励して、金持ちになる道を閉ざした。なぜなら、金持ちがアマチュア研究者になることがあっても、幼くして虫好きになった人間が金持ちになることはないからだと書かれている。金に無頓着な気質は母親から受け継いだのだろう)。

晩年、オックスフォード大学の副学長でもあった動物学教授サウスウッドの奔走でオックスフォード大学王立科学研究所の教授となる。その波乱に満ちた愛すべき人生の一端は、ドーキンスの追悼文「W・D・ハミルトンへの頌徳の辞」[8]や長谷川真理子編『虫を愛し、虫に愛された人』(ここに短い自伝が収録されている)から知ることができる。この後者の本に、追悼集会で読み上げられたコスタリカ大学の進化生物学者メアリー・ジェイン・ウェスト=エバーハードの手紙が紹介されている。それによれば、ハミルトンは子供のときに母親に自然淘汰の原理を教えられ、『種の起原』を読み、大学に入って授業で教わった自然淘汰は群淘汰の誤りに満ちていて、おかしいと憤慨したが、誰も相手にしてくれなかった。それで、自分はハクスリーのようにダーウィンのブルドッグになって、誤りをただそうと決意したのだという[9]。その志は結果として、『利己的な遺伝子』でハミルトンの考えを流布したドーキンスによって実現されることになる。

ハミルトンの理論の意義をただちに理解したジョン・メイナード・スミスは、『ネイチャー』誌(一九六四年)に「群淘汰と血縁淘汰」という論文[10]を書き、血縁淘汰という概念を世に知らしめた。また、自然淘汰が遺伝子レベルで起こることを強調したドーキンスの先行者としては、『自然淘汰と適応』[11]を著した米国の進化生物学者ジョージ・ウィリアムズ［1926－］がいる。彼が編著した『群淘汰』[12]では、ウィンエドワーズの群淘汰説が完膚なきまでに論破されている。

ドーキンスの真の功績

ドーキンスは、こうした状況の中で、「利己的な遺伝子」というキーワードを思いつく。それは誰もが気づいていそうでありながら、誰も口にしなかった概念であった。英国の科学哲学者であるヘレナ・クローニンは、「科学の世界では、すぐ手の届くところにあって、多くの人間がもうすでに手にしていながら、誰も気づいていないアイデアがあるというのはよくあることだ。そのアイデアを具体化し、その中心的な考え方だけでなく、それが将来の科学研究にもたらす意味を明確に述べることができる人間が、しばしば、すばらしい貢献をすることになる。そして私はそれこそ、『利己的な遺伝子』がなしとげたことだと思う」[13]と述べている。

ちょうどダーウィンの『種の起原』を読んで、トマス・ハクスリーが「こんなことを思いつかなかったとはなんて間抜けだったんだ！」と言ったらしいが、同じようなことが『利己的な遺伝子』にもあてはまったのだ。

オックスフォード大学の同僚で、行動生態学の代表的な指導者の一人であるジョン・クレブス（クレブス回路とも呼ばれる生体内のクエン酸回路の発見者である生化学者ハンス・クレブスの息子）は、ドーキンスが「ネオ・ダーウィン主義の考え方を独特の明晰さで、力強く優雅に解釈し、説明し、また、その成果を新しい領域に拡張しようとした。そこにある基本的なアイデアを見つけた当人たちが、リチャードの本を読んで、〝そんな視点で考えたことがなかった〟とか、〝私の出発した地点からこんな見方が引き出せるなど、まったく気づかなかった〟とか言っている」と述べている。

また、ケンブリッジ大学キングズカレッジの学寮長であるパトリック・ベイトソン教授は、ドーキンスの進化について考えるためのイメージは、数世代の学生に役立ち、大衆が進化について考えるのを助けたことはまちがいないと断言している。彼によれば、ドーキンスは、比喩を使いこなすたぐいまれな能力をもっていて、若い学生たちはドーキンスの文章を読んだとたん、すべてが明快になるのだという。しかし、ベイトソンによれば、ドーキンスを単なる啓蒙家と呼ぶのは、陳腐というよりもむしろはっきりした誤りである。彼の思考には、もっと深いものがあるのだと、評価している〔14〕。

誤解が生んだベストセラー

このように、英国では当初、『利己的な遺伝子』はドーキンスの目論見通りの評価を得ることができた。しかし、「利己的な遺伝子」という表現はきわめて誤解を招きやすいものである。ドーキンスが言っているように、これは遺伝子の視点から見た進化を述べた本であり、生存競争にかかわるのは個体ではなく遺伝子である、すなわち利己的なのは個体ではなく遺伝子だ、遺伝子が利己的だからこそ個体として利他的な行動が進化するという意味なのである。

しかし、多くの読者は、この本を利己的な行動を擁護するものだと誤解した。逆に言えば、そういう誤解があったればこそ、世界的なベストセラーになったともいえる。三〇周年記念版の「まえがき」で、「協調的な遺伝子」とすれば、よかったかもしれないと書いている（これは、まさに哲学者カール・ポパーがこの本について唯一語った言葉でもあった）が、そうすれば誤解は少なかったかもしれないが、きっとこれほど売れることはなかっただろう。

誤解はこの本に賛成する人間にも反対する人間にも見られた。俗流解説書の書き手たちは、浮気をするのも遺伝子のせいだとドーキンスが言っているようなことを言い散らし、それを真に受けた自由市場主義経済の擁護者たちは、この説で自分たちのやり方が科学的に支持されたと錯覚した。批判者のほうもドーキンスの本をろくに読まず、同じような誤解のもとに批判を繰りひろげた。たとえば英国の哲学者のメアリー・ミッジリーはドーキンスが人間は生まれつき利己的なのだと思いこませようとしているといって批判した[15]。

しかし、明らかにそれはドーキンスの本意ではなかった。『利己的な遺伝子』の第1章の冒頭部分ではっきりこう述べられている。

まず、私は、この本が何でないかを主張しておきたい。私は進化に基づいた道徳を主張しようというのではない。私は単に、ものごとがどう進化してきたかを言っているだけだ。私は、われわれ人間が道徳的にいかに振る舞うべきかを述べようというのではない。私がこのことを強調するのは、どうあるべきかという主張と、どうであるという所信の表明とを区別できない人々、しかも非常に多くのそうした人々の誤解を受ける危険があるからである。

それだけでなく、最後の（初版でのことで、増補版ではこのあとに二章追加されている）第11章では、人間には文化があるので、動物の議論をそのままもってくることはできないことを認め、文化的な進化を論じるための概念としてミームを提唱している。そして、この章の最後をこう締めくくっている。

われわれは遺伝子機械として組み立てられ、ミーム機械として教化されてきた。しかしわれわれには、これらの創造者に刃向かう力がある。この地上で、唯一われわれだけが、利己的な自己複製子たちの専制支配に反逆できるのである。

6章　断続平衡説の挑戦

一九六七年にハーヴァード大学に移って研究をつづけたグールドは、七一年に準教授、七三年以降、地質学教授および比較動物学博物館のキュレーターとなる。ハーヴァード大学は多数のノーベル賞受賞者を輩出し、世界一とも称されるエリート大学として、あまりにも有名なので、いまさら説明の要もないだろうが、その根拠地がマサチューセッツ州ケンブリッジ市にあることは興味深い。というのは、チャールズ川をはさんだ対岸がボストン市で、この辺りの住民はレッドソックスのファンが圧倒的であり、熱烈なヤンキース・ファンであるグールドは、ここでもまたある意味で少数派（マイノリティ）だったからである。

二人の論敵

余談はさておき、ハーヴァード大学には、後にグールドの論敵となる二人の重要人物がいた。一人はいうまでもなく、論争の発端となった大著『社会生物学』［1］の著者エドワード・O・ウィルソン［1929－］である。ウィルソンはグールドより一回り年上の昆虫学者で、一九六四年からハーヴァード大学の動物学教授であった。

もう一人はロバート・トリヴァーズ［1943 − ］である。トリヴァーズは、ハーヴァード大学歴史学科を卒業後、アルバイトとして、子供向けの教科書（自然淘汰による進化を事実として提示しようとしたことが理由の一つとなって、結局は出版されなかった）の執筆に携わっていたとき、マサチューセッツ州オーデュボン協会の会長で、エルンスト・マイアの教え子であるウィリアム・ドルリーに生物学の手ほどきを受け、進化論に興味をひかれる。ドルリーの紹介で生物学の教授であったマイアのもとで大学院生となって研究をつづける。マイアから紹介されたハミルトンの一九六四年の血縁淘汰に関する論文を読んで、その意義をいちはやく理解し、社会生物学的研究に転向し、互恵的利他主義（一九七一）、親の投資（一九七二）、親子の対立（一九七四）といった重要な理論的貢献を果たした。一九七二年に生物学で博士号を得たあと、人類学教室のアーヴェン・デュボアのもとで、七三年から七八年まで準教授を務める。一九七七年に持病の統合失調症のゆえに終身在職権《テニュア》を却下されたことに失望して、カリフォルニア大学サンタクルーズ校教授［1978 − 1994］に転じ、さらに九四年からはラトガース大学教授となる。

本書とのかかわりでいえば、トリヴァーズは『利己的な遺伝子』の序文も書いた揺るぎないドーキンス派の論客であり、またブラックパンサー党員で、イスラエル政府への辛辣な批判者でもある。

マイアの役割

グールドが本拠としたハーヴァード大学比較動物学博物館は、アメリカにおける古典的な動物学のメッカともいうべき場所である。ここは、一八五九年にルイ・アガシ［1807 − 1873］が、動物の多様性と、それらの比較形態学的な関係がわかるようなコレクションを目標として創設したもので、おびただしい数の剥製標本が収蔵・展示されている。一九七三年までアガシ自らが館長を務めたが、彼の死後、息子のアリグザンダー・アガシがその跡をつぎ、一九一〇年まで館長をつとめる。

以下歴代の館長は、サミュエル・ヘンショー［1910 − 1927］、トマス・バーバー［1927-1946］、アルフレッド・ローマー［1946 − 1961］、エルンスト・マイア［1961 − 1970］、A・W・クロンプトン［1970 − 1982］、ジェームズ・J・マッカーシー［1982 − 2002］、ジェームズ・ヘンケン［2002 − ］という錚々たる顔ぶれである。一二部門からなり、エルンスト・マイア・ライブラリーもある。

ここで注目すべき人物はなんといっても、エルンスト・マイア［1904 − 2005］である。マイアはドイツ生まれで、ベルリン大学卒業後、一九三一年に渡米し、後に帰化する。一九二三年から五三年までアメリカ自然史博物館のキュレーターを務め、その間に鳥の分類に関する一〇〇編以上の論文を発表。一九三五年から七五年まで、ハーヴァード大学の動物学教室のアリグザンダー・アガシ教授職に就いて、教鞭をとり、多くの弟子を育てる。一九六一年から七〇年まで比較動物学博物館館長の地位にあった。

マイアは、進化の総合説の成立にかかわり、異所的種分化の重要性を指摘したことは第4章で述べた。これは、地理的な隔離が種の分岐にとって不可欠だという指摘である。そこから、種とは内部で自由な交雑があり、他の集団からは生殖的に隔離された集団であるという「生態学的種」の定義を導いたことでも知られる。

マイアは進化の総合説に賛成しながら、フィッシャーやホールデンに代表されるような集団遺伝学的アプローチを嫌悪し、豆袋（beanbag）遺伝学と呼んで軽蔑さえした。生物個体を遺伝子という要素に還元して扱うのは、まちがいであって、個々の遺伝子は遺伝子型という複合体としてしか進化的な意味をもたない、遺伝子の適応度よりも、遺伝子型の適応度のほうが重要だというのが、マイアの主張であった。

このいわば全体論的な視点を重視する還元論批判は、弟子であるグールドとルウォンティンに色濃く引き継がれていて、これが社会生物学論争において爆発する。

しかし、その論敵であるウィルソンもまたマイアの弟子であり、ウィルソンの自伝によれば、大学二年生のときにマイアの『系統分類学と種の起原』[2]を読んだのが、生物学者となるきっかけだったという。ウィルソンですら、ドーキンスに比べれば、はるかに全体論的な視点をもっていて、群淘汰に対して寛容な立場をとっている。いずれにせよ、ハーヴァード大学におけるマイアの思想的影響力抜きに、グールドを語ることはできないだろう。

「断続平衡説」で論壇デヴュー

ハーヴァードに移ってから以降、グールドは、活発な著作活動をつづけ、数多くの問題作を世に問うことになるのだが、そのなかで、論壇へのデヴュー作ともいうべきものが、一九七二年に大学院時代からの盟友ナイルズ・エルドリッジ［1943－］との共著になる論文「断続平衡説」である[3]。これはグールドのおそらく最大の学問的業績の一つであったが、ドーキンスの『利己的な遺伝子』と同様に、多くの誤解と批判を招くことにもなる。

断続平衡説とは、種が基本的には安定した平衡状態にあり、しかるべきときにのみ「ごく希に」

急速な種分化の見られる期間（断絶期）があるという仮説である。正統ネオ・ダーウィン主義の、進化は小さな突然変異の積み重ねによってゆっくりと漸進的に進行するという見方（グールドらは、これを系統漸進説 phyletic gradualism と呼んだ）に真っ向から対立するものであった。

漸進説によるならば、ある種とその祖先種とのあいだをつなぐわずかずつ異なった連続的な変異を示す化石が見つかるはずなのに、実際にはそうした漸進的な中間型の化石はめったに見つからない。漸進説が化石の証拠と一致しないという指摘はダーウィンの時代から存在したが、ダーウィンは、化石の証拠が不完全なために、そうした中間型が見つからないだけであるという説明をもってこの異論を退けた。

しかし、そうではなく、化石出現の不連続なパターンは、生物進化の実相を示すものだと、グールドらは主張する。この論文では、グールドが専門とするバミューダ諸島の陸生貝類であるマイマイ類の更新世（三〇万年前）以降の化石と、エルドリッジの専門とするデボン紀中期以降のファコプス目の三葉虫の化石を例に、地層的な断続がないような場所において、非常に多様な種が突然出てくるごく短い年代と、種がほとんど形態上の変化を見せない長い年代とがあることを事実として提示する。

そして、化石に見られる進化的傾向についてグールドは考える。

断続平衡説では、……種は分岐の瞬間から現実の単位であり、長く安定した状態で存在しつづける。(ウマが大型化する、アンモナイトの縫合線が複雑になる、人類の脳が大きくなる)といった進化的傾向は、特定の種類の種が他の種と異なる成功率をもつことによって生じる(体の大きなウマの方が体の小さなウマより産仔数が多かったり、寿命が長かったりすれば、体が大きくなるという傾向がウマ科の枝全体に行きわたるだろう)。種分化は、連続的なスペクトラムを人為的に切断した恣意的な結果ではなく、変化の本当の原因である〔4〕。

このような化石出現のパターンが見られる理由について、断続平衡説は、マイアの異所的種分化の概念を援用して説明する。マイアによれば、種分化には地理的・繁殖的な隔離が不可欠であるが、そうした、隔離は大きな個体群(集団)の周辺部で起こる。もし新しい種が、そうした周辺部の隔離された小さな地域個体群で急速に出現するとすれば、漸進的に変異する化石の系列というのは幻想でしかない。なぜなら、新しい種は祖先種の生息域の中心部では生じず、中心部で化石として発見されるのは、ずっと後に分布を広げてそこにやってきたときだからである。

こうした考え方は、一九四二年にすでにマイア自身が『系統分類学と種の起原』で、大進化を説明するために提示しているし、同じような考え方は、第4章で説明したシンプソンの非連続進化説にも見られる。しかし、マイアもシンプソンもネオ・ダーウィン主義の枠組みの中で考えていた。

ネオ・ダーウィン主義との対立

ところが、主としてエルドリッジが理論を組み立て、グールドが「断続平衡」というキャッチフレーズを考えて書いたとされるこの論文は、ネオ・ダーウィン主義の枠組みに根本的な異議を唱えるもののように受けとめられた。とくに重大なのは、次の三点だった。

(1) 種分化は、周辺部の隔離集団において短期間に起こり、その際に適応的な進化は完了している。

(2) その後の停止(平衡)期には進化はほとんど見られない。

(3) ほとんどの適応は、個体淘汰ではなく種淘汰によって引き起こされる。

(1)の種分化が短期間に起こり、適応的な変化が完了するという表現は、大きな誤解を生んだ。まるで一晩のうちで新種が誕生するかのような印象を受けるからだ。誤解のもっとも大きな原因は生物学者と古生物学者の時間感覚のちがいである。グールドも『パンダの親指』の第17章で、「私は地質学者として発言しているのであり、そのプロセスは何百年か何千年もかかるものである」とことわっている。とすれば、メイナード・スミスが「五万年を要する変化は古生物学者にとっては突然だが、集団遺伝学者にとっては漸進的である(『ダーウィンは正しく理解していたか』)」と言ったように[5]、漸進説と矛盾するものではない。

また、適応的な進化が短期間で達成されるという点は、断続平衡説を跳躍説に同一視させることになった。『パンダの親指』の第18章で、ゴールドシュミットの「前途有望なる怪物」を復権させ、小さな変化の積み重ねではない突発的な変異が大進化をもたらす可能性を肯定したこともあって、マイアさえ、『生物学思想の発展』において、基本的に断続平衡説を認めながら、グールドらが跳躍説を主張していると批判した[6]。

こうした批判に対して、グールドは後の論文でそれが誤解であると反論しなければならなかった。現在の進化発生生物学の教えるところでは、ホックス遺伝子のように、たった一つの遺伝子の変異が大規模で怪物的な形態的変化をもたらすことが知られており、グールドの意図はそちらにあったのであろう。その意味ではまちがっていないが、この現象もまた、ネオ・ダーウィン主義の枠組みのなかで説明は可能である。

（2）の主張は額面通りに受け取れば、漸進論の全面的な否定と言えるが、グールドらが言っているのは、個体および種のホメオスタティックな機構によって不変性が保たれるということである。その機構として主として二つの仮説が挙げられている。一つは、中心部の大きな個体群では、漸進的な適応的変異が起こっても集団の大きさのゆえに、交雑によって淘汰上の利点がすぐに帳消しにされてしまうというマイア説であり。もう一つは、マイケル・ラーナー（一九五四）の発生的制約［7］、つまり、同型（ホモ）接合体よりも異型（ヘテロ）接合体のほうが正常な個体発生過程をたどりやすいという仮説である。

ネオ・ダーウィン主義では、環境変化が少ないときに、形態が変化しないのは、極端なものが排除される安定化淘汰によって説明される。発生的制約があったとしても、「起こりうる変化の種類を限定できても、あらゆる変化を制限することはできない」（メイナード・スミス）というのが、正統派の立場である。漸進的な進化が長期にわたって見られないという事実そのものに関しても、原生生物に関しては、世界中の数多くの古生物学者が反証例を提供している。また高等動物に関しても、存在しないとされていた中間種がぞくぞくと見つかっている例もいくつか知られている（たとえば霊長類化石）。

（1）（2）を通じて、生物学者と古生物学者の種概念のちがいが問題になる。現生種では、種はマイアの定義によって、遺伝子の交流のある繁殖集団であるかどうかによって判定されるが、化石の場合は形態のみによって判断されるために、本当の意味で生物学的な種であるかどうか疑わしい。つまり、アヤラが批判するように〔8〕、「大きな形態的変化をもって種を定義し、新種ができるときには形態が大きく変化するというのは循環論法である」可能性を否定できないのである。

（3）の種淘汰は、ありえるかもしれないが、主要な進化の原動力ではないだろうというのが、多くの進化論者の意見である。この点は、ドーキンス批判とかかわる重要な問題なので、以降の章でもう少しくわしく検討してみたい。

＊

断続平衡説の提唱は、グールドにとって、ある種のジレンマをともなうものであった。あとの章で見るように、遺伝子還元主義、適応万能論、および漸進論に対する批判はグールドにとって生涯を通じての課題であり、断続平衡説は、そのための強力な論拠と考えられた。そこで、グールドは、一九八〇年に『古生物学 *Paleobiology*』誌に掲載された論文で、「私は、進化論において何が崩壊しつつあるかが見えていると思う……　遍在的な適応、漸進論、そして地域集団における変化をもたらす原因から生命の歴史における大きな傾向や変遷へと連続的になめらかに外挿していけるといったことを信じる現代総合説の厳密な構築が崩壊しつつあるのだ」[9]と断言した。

しかし、グールドのこのような姿勢は予想外の反応を生むことになった。すなわち、一九八〇年にシカゴで進化論をめぐる国際会議が催され、その場で、断続平衡説についてもさまざまな議論が交わされた。この会議について、ロジャー・リューインが『サイエンス』誌に「砲火を浴びた進化論……四〇年にわたる現代総合説の支配に挑戦状を叩きつけたシカゴの歴史的会議」という扇情的な見出しの報告記事を載せた[10]。まるで、大部分の進化論者が漸進論を否定したかのような印象を与えるものであった。この記事に反進化論を標榜する創造論者たちが飛びつき、「この国際会議でダーウィンの進化論が否定された」という都市伝説をつくりあげた。この伝説は、現在でも無数の創造論者・反進化論者の書物やウェブサイトで生きながらえている。

グールドにとって、創造論を否定し、進化論教育を推進するというのも、生涯を通じての大きな課題の一つであった。それゆえ、断続平衡説が総合説を否定するものではなく、部分的な修正の試みであることを、再三にわたって強調しなければならなかった。

この会議そのものについては、出席者の多くがただちにリューインの報告に対する非難の手紙を『サイエンス』誌に寄せた[11]。そこには「リューインの記事は、こうした「グールドらの跳躍主義的な」主張に対する懐疑論が参加者のうちのごく少数からしか表明されなかったという印象を与える。実際には、出席していた多くの人（たぶん大部分）は懐疑的なままだった」と書かれている。会議でダーウィン説が否定されるというのとはまるでかけはなれた状況だったのである。

それでは、断続平衡説の意義は何だったのか。少なくとも化石の証拠からして、そしておそらく事実の問題としても、断続平衡的な進化があったということは、現在では広く認められている。ただし、多くの人は、グールドらの説明については懐疑的で、この現象は、基本的にネオ・ダーウィン主義の枠組みで説明可能だと考えている。

グールドは、連載二〇〇回記念エッセイで、こう述べている。

断続平衡説における私の最大の誇りは、古生物学の基本的な事実を、口にされない困惑から、活発に発展していく研究分野に変えたことだ。私たちの同僚のほとんどが進化を漸進的な変化だと定義していたときには、種の不変性はデータなし、つまり進化が起こっていないこととみなされていた。あらゆる古生物学者が種の不変性を認めていたが、そうした分野が活発な研究の対象になることはけっしてなかった。不変性という事実は、せいぜいよくて、分類学的な記載のあいだに注記として書かれるかどうかだった。断続平衡説はこの状況を変えた。平衡状態は、われわれの理論の中心的な予測であるがゆえに、関心を寄せられることになった。二〇年前には、ある種の腕足類に何百万年にもわたって変化が見られないという論文が発表できるなど、誰も夢想だにしなかっただろう[4]。

この主張はその通りであり、マイアもまた、断続平衡説によって、それまであまり注目のよせられていなかった異所的種分化が脚光を浴びることになったと評価している。最終的な評価がどうあれ、この理論が、古生物学研究者を活性化させるという役目を果たしたのは事実であり、その意味では、すぐれて生産的な仮説であったと言わなければならない。

7章　ダーウィンのロットワイラー

トマス・ハクスリーが「ダーウィンのブルドッグ」と呼ばれたのにならって、ドーキンスを「ダーウィンのロットワイラー」と呼んだのは、オックスフォード大学の歴史神学の教授、アリスター・マグラス（Alister McGrath）だと言われているが、この呼び名は英国のジャーナリズムにおおいに受けた。

ロットワイラーというのは牧羊犬からつくられた品種で、並はずれた力強さと俊敏性、忍耐力をもつ犬種である。ハクスリーは進化論に関しては獰猛なブルドッグだったが、漸進説を本気で信じてはおらず、飛躍的な進化の可能性をいちがいに否定しないようにという警告の手紙（一八五九年一一月二三日付）をダーウィンに書いたほどだ。

ドーキンスのほうは、進化論の真髄は自然淘汰にあると考え、自然淘汰の擁護こそが、ダーウィン主義の擁護だと考えた。『利己的な遺伝子』はそのためのものであった。自説に対する批判や誤解に対抗するために、ドーキンスはつぎつぎと反論を書き、講演をし、新しい本を出版しつづけている。その活躍は、まさにダーウィンのロットワイラーの名に値する（古生物学者で、すぐれた啓蒙家でもあるリチャード・フォーティはロットワイラーよりもピットブルのほうがふさわしいと言っているのだが）。

予想された批判

『利己的な遺伝子』に対する批判の多くは、第5章で述べたように、誤解にもとづくものであった。たとえば、利己的な遺伝子が利己的な行動を決めているとか、遺伝子が意志をもって振る舞うといった発言は、ドーキンスがけっしておこなっていないもので、濡れ衣にすぎなかった。しかし、きちんとした応答をする必要のある批判がいくつかあった。

とくに重要なのは、マイアやグールドらが指摘した、遺伝子が淘汰の単位になりえるはずがないという批判であった。そのほかに、小さな突然変異の積み重ねによって眼のような複雑な器官の進化を説明できないだろうという古典的な批判や、おりからの社会生物学論争のからみで、ドーキンスは遺伝子決定論者で、適応万能論者だという非難も浴びせかけられた。

ところが、実は、ドーキンスは、こうした事態を予測していて、『利己的な遺伝子』において相当に慎重な補足説明をしている。とくに第3章では、いくつかの批判に先回りしていて、たとえば、「長い肢の遺伝子」というのは話をわかりやすくするための比喩であり、それが意味する内容を理解する必要があると述べている。

長いにせよ短いにせよ肢を独力でつくる遺伝子はない。肢の構築は、複数の遺伝子の協同事業である。外部環境の影響も不可欠である。……しかし、他の条件が同じであれば、他の対立遺伝子の影響下にあるよりは肢を長くする傾向もつ単一の遺伝子があるかもしれない〔1〕。

さらに、こうも書き、遺伝子決定論、還元主義という批判を退けるべく先回りしていた。

ある遺伝子に関していえば、その対立遺伝子は命にかかわる競争相手だが、他の遺伝子は、気温や食物、捕食者、仲間とならんで、環境の一部にすぎない。……体内の遺伝子セット全体は、一種の遺伝的風土ないしは背景をなしており、個々の遺伝子の作用を変更したり、それに影響を与えたりしているのだ〔2〕。

こうした慎重な配慮にもかかわらず、予想された通りの批判が現れた。それに対してドーキンスが反撃にでた最初の本が『延長された表現型』〔3〕（原著出版一九八二年、第二版一九九九年）である。これには「自然淘汰の単位としての遺伝子」という副題がついていて、第1章の冒頭には、これは弁護の書であると書かれてもいる。つまり、『利己的な遺伝子』の主題である遺伝子の視点から見た自然淘汰という見方をさらにくわしく説明することを通じて、誤解を払拭しようというのがこの本の狙いであった。

ドーキンスの主張は、「適応を生物個体の利益のためのものとみなすのは適切ではなく、自己複製子の利益のためとみなすべきである。自己複製子のうちでもっとも重要なものは、遺伝子ないし遺伝子断片である。もちろん、自己複製子が直接に淘汰されることはなく、代理人、すなわちその表現型効果によって淘汰される」のであり、「個体は遺伝子を乗せて表現型効果を実現する乗り物（ヴィークル）にすぎない」という。

ヴィークルという概念の登場

ヴィークルという概念は、『利己的な遺伝子』に出てきたと思いこんでいる人が多いのだが、じつは『延長された表現型』で初めて提示されたのである（ただし、一九八九年の増補版『利己的な遺伝子』で追加された第13章は、『延長された表現型』の要約であり、そこにはヴィークルがでてくる）。

この自己複製子とヴィークルという組み合わせは、批判に答えるための有力な武器である。ドーキンスによれば、ヴィークルと自己複製子は進化における車の両輪であり、自然淘汰が直接にはたらくのは、ヴィークルに対してであるが、淘汰によって進化するのは自己複製子なのだということである。

このことをもっともわかりやすく説明しているのが、『利己的な遺伝子』の第3章に出てくるボート競争の喩えである。九人のクルーからなるチームで、競争させると、勝敗は九人の総合的な力によって決まる。しかし、いろいろな組み合わせのクルーで競争させたとき、勝つボートにつねに乗っている特定の選手がいるにちがいない。コーチが最強のチームを編成しようとするとき、そうした勝率のいい選出を中心にするにちがいない。この場合、個々の選手が遺伝子で、ボートが文字通りのヴィークル(乗り物)に当たる。一回一回の勝負はチーム単位でしか決まらないが、そこで選抜されていくのは、個々の選手の能力、つまり遺伝子の能力だというわけである。

この例は、グールドがドーキンス説の致命的欠陥だと指摘する「淘汰は遺伝子を見たり、直接それを選び取ったりすることはまったくできない。淘汰は媒体として体を用いなければならない」(『パンダの親指』第8章)という批判に十分に応えていると、私には思える。

ドーキンスが再三再四にわたって指摘しているのは、淘汰がたとえ個体レベルや種(あるいは個体群）レベルではたらくとしても、それが次世代に伝えられるのは遺伝子を通してでしかないということなのである。

生物学にそれほど通じていない人のために初歩的な説明をしておけば、ある生物個体がもっている遺伝子（一つの遺伝子でも、全遺伝子の総体すなわちゲノムでもかまわない）の情報を遺伝子型と呼ぶ。その遺伝子型の指令にもとづいて個体の形態や能力ができあがるのだが、その最終的な形が表現型と呼ばれる。

遺伝子型と表現型の対応はそれほど単純ではない。メンデル遺伝学でいう対立遺伝子の優性と劣性の問題があるだけでなく、遺伝子の発現は個体発生の過程で他の遺伝子や環境要因に影響されるからである。同じ遺伝子型で異なった表現型が現れる場合もあるし、同じ表現型でも異なった遺伝子型をもつこともある。しかし、表現型が基本的に遺伝子型によって規定されるという原則はまぎれもない。

『延長された表現型』においてドーキンスは、自己複製子とヴィークルの協同作用という考え方をさらに発展させ、「延長された表現型」という概念を提出する。ふつう表現型といえば、その生物の形態や体色を指すのだが、鳥類の進化を考えるのに巣のことを無視したり、ビーバーの進化をダムづくり行動を抜きに論じたりするのはナンセンスである。巣もダムも、彼らが生きて子孫を残していくのになくてはならないものだからである。そして、巣づくりやダムづくりに必要な一連の行動連鎖は、すべて遺伝子の支配を受けている。

生きていくのに必要な身体を表現型と呼ぶならば、こうした構造物もまた一種の表現型とみなすことができるのではないか。羽毛のない鳥が生きていけないのと同じように、巣をつくることができない鳥は子孫を残すことができない。どちらも、ヴィークルとしての個体（および遺伝子）が生き延びて子孫を残すために必要な条件なのである。

ドーキンスはこれを「延長された表現型」と呼び、その「中心定理」をこう述べている。

ある動物の行動は、それらの遺伝子がその行動を演じている当の動物の体のなかにたまたまあってもなくても、その行動の〝ための〟遺伝子の生存を最大化する傾向をもつ[4]。

そして、射程をさらに拡大して、寄生種による宿主生物の表現型の操作、あるいはフェロモン等による群れや家族の支配にまで、この概念を拡張した。つまり利己的な遺伝子は、社会的関係にまで、その影響を及ぼすことができるのである。この見方はその後の進化生物学の理論に大きな影響を与えた。

『延長された表現型』も『利己的な遺伝子』につづいて世界的なベストセラーとなる。私生活においては、一九八四年に最初の妻メリアンと離婚し、同じ年に、イヴ・バラムと結婚し、娘ジュリエット・エンマ・ドーキンスをもうける。ドーキンスのエッセイに何度か登場する愛娘だが、母親のイヴとは後年また離婚する。

創造論者の主張

一九八六年に第二弾の『盲目の時計職人』〔5〕（原著第二版一九九一年、第三版二〇〇六年）を世に問う。これは、自然淘汰説に対して、もっとも広汎に見られる批判に応えるものであった。創造論者だけでなく、多くの人が、生物、とりわけ人間のような複雑な存在が、遺伝子の偶然の変異と自然淘汰だけで説明できるとするダーウィン主義の主張に多少なりとも違和感をもっている。まったくの偶然によって生じたというのは感覚的に受け入れがたく、なんらかの計画や意図がそこに介在しているのではないかと思うのは理解できなくもない。

もっとも古典的な形で、そのことを指摘したのは一八世紀の英国の神学者ウィリアム・ペイリー［1743 - 1805］だった。彼は一八〇二年に出版された『自然神学』［6］という本で次のような主張をした。「もし荒れ野で時計を見つければ、それは自然にそこにあるものではなく、誰かが製作したものにちがいないと思うだろう。生物の体も時計に劣らず、目的にかなった精巧なつくりをしている。しからば、生物の体にも製作者、デザイナーがいると考えるべきではないか」。

この理屈はいまなお、創造論者の有力な論拠となっている。これに対して、ダーウィンはすべてが自然淘汰によって説明できるのであり、神の意向（デザイン）を想定する必要はないとした。ダーウィンのロットワイラーたるドーキンスは、世の中に蔓延するこの違和感を一掃すべく、吠え立てた。

『盲目の時計職人』というタイトルは、時計には時計職人、生物には創造主がいるにちがいないというペイリーの言葉をもじったもので、自然淘汰こそ盲目の時計職人なのだと宣言している。本物の時計職人は先の見通しをもち、目的に合うように部品をデザインしていく。しかし、自然淘汰は目的をもたない偶然任せの盲目的な力なのだ。だとすれば、なぜ盲目の時計職人が、かくも精巧な生物をつくりだすことができるのか。それを説明したのが、この本である。

偶然によって複雑なものができることはありえない証拠としてよくもちだされるのが、フレッド・ホイルの生命の起原に関する悪名高い言葉である。すなわち「もっとも単純な細胞が偶然によって出現する確率は、竜巻がガラクタ置き場を吹き荒らした結果、運よくボーイング747が組み立てられる確率に等しい」（ホイルの共同研究者であるチャンドラ・ウィクマシンゲの証言にもとづく）というものである。

これは化学進化に関しての発言だったが、のちに自然淘汰による進化一般を批判する理論にまつりあげられた。ドーキンスは、このような言説を、自然淘汰についての無知の産物でしかないと言う。

累積的な自然淘汰

自然淘汰が目的にかなった器官をつくりあげるのは、偶然の運まかせによってではなく、小さな改良を積み重ねることができる累積的な性質のおかげである。ほんのわずかでも改良されたものが自然淘汰（これは偶然ではなく、適応という物差しによる選別がはたらく）を通じてより多く生き残り、それにまたわずかな改良が加えられていくという過程は、システムとしては何の目的ももたないにもかかわらず、結果として適応的な生物や器官をつくりだせるのである。

この累積的な効果を示すために、「進化」と呼ばれるコンピュータ・モデルを使って、バイオモルフ（デズモンド・モリスによる命名）という図形をシミュレーションで進化させる。バイオモルフは枝分かれの規則だけを定めて、それを繰り返すことによってできる樹状の図形である。枝分かれの規則としては、一世代で何回枝分かれするか、枝分かれの角度、枝の長さなどがあり、それぞれを一つの遺伝子が規定しているとする。

このシミュレーションでは、一世代ごとに一つの突然変異が起きるとし、その結果を見る。そこから先は一種の人為淘汰だが、できあがった図形のうちで面白そうなものを選んで、さらにシミュレーションをつづけさせる。この手順を三〇世代も繰り返すと、二次元ではあるが、コウモリ、アマガエル、トビケラなどに見える図形が現れたのである（このシミュレーションのJavaバージョンがhttp://www.phy.syr.edu/courses/mirror/biomorph/で公開されている）。つまり、一遺伝子の突然変異をわずか三〇世代繰り返すだけで、きわめて複雑な図形が出現するのである。

小さな突然変異の累積であっても、生物の歴史がへてきた何億年もの時間があれば、今日の驚くほど複雑な生物も十分につくりだすことができたはずである。

この本では、漸進論擁護の立場から、グールドとエルドリッジの断続平衡説にも鋭い批判を加え（第9章）、進化に停滞期と活発期があることは漸進説を捨てる理由にならないとする。捨てるべきは進化速度が一定だとする考えであり、そんなことを主張するネオ・ダーウィン主義者はいないと言う。

進化速度は、種によって、環境条件によって速くもなり、遅くもなるが、自然淘汰による進化のメカニズムは根本的に漸進的なものでなければならないと主張する。この本もまた世界的なベストセラーとなり、一九八七年に英国王立文学協会文学賞とロサンゼルスタイムズ文芸賞を受賞した。

同じ主題は、一九九六年に刊行された『不可能の山に登る』〔7〕で、さらに追究される。この本のタイトルは、創造論者らが唱える「ありえなさ」に対する批判の寓意である。切り立った絶壁の前に立った人間は、山頂をきわめることは不可能だと思うかもしれないが、その裏にまわれば、緩やかな傾斜にそって一歩ずつ昇っていける登山道があるという意味である。複雑な器官は偶然だのみの進化にはとうてい登れない山のように見えるかもしれないが、累積的な自然淘汰であれば、それが可能だというわけである。

この本の目玉になっているのは、第8章の「光明に至る四〇の道筋」であり、まさしく眼の進化を論じている。サセックス大学のマイケル・ランド教授の研究を援用しながら、眼が動物界全体を通じて、少なくとも四〇通りの漸進的な道筋を経て進化してきたことを論証している。

科学啓蒙家への〝転身〟

一九九二年に女優・画家のララ・ウォードと三度目の結婚をする。「ドクター・フー」というテレビ番組にロマーナ役で出演していたときに、その脚本家でドーキンスの友人であるダグラス・アダムズに紹介されたのがきっかけだった。ウォードは『不可能の山に登る』と次の『遺伝子の川』のイラストを描いている。

一九九五年に元マイクロソフト社のプログラマーで、ワードやエクセルの開発で巨万の富を得たハンガリー系米国人、チャールズ・シモニーの寄付によってオックスフォード大学に設けられた科学啓蒙のための教授職につく。

以来、大学における雑務から解放され、いっそうの啓蒙活動に専念できるようになり、『遺伝子の川』〔8〕（原著一九九五年）や『虹の解体』〔9〕（原著一九九八年）といった、啓蒙的な著作をものすることになる。

『遺伝子の川』はドーキンスの著作権代理人で、自らも作家・編集者であるジョン・ブロックマンが企画した「サイエンスマスター・シリーズ」（日本語版は草思社より刊行）の第一弾として書かれたもので、このシリーズは、当代のトップクラスの研究者によるポピュラー・サイエンス全集だった。

ドーキンスはこの本で、エデンの園から流れ出る川という『聖書』のイメージを借用して、生命の歴史を遺伝子というデジタル情報の川の流れにたとえながら、従来の主張をきわめてわかりやすく述べている。このシリーズの執筆予定者のなかにグールドも名を連ね、『進化と生命の歴史』というタイトルで書くことになっていた。グールドに本当に書く気があったのかどうかは不明だが、彼の死によって、この本は結局書かれないままに終わった。

『虹の解体』は、科学啓蒙の使徒という役割を正面から引き受けた最初の本で、生物学だけでなく、物理学や宇宙論まで幅を広げて、自然の研究が与えてくれる驚きや畏敬の感覚を賛美している。この本は、ダーウィンのロットワイラーから、本格的な科学啓蒙家へと、ドーキンスの転身を告げる記念の書でもあった。

8章　進化論エッセイストの登場

一九七四年からグールドは、『ナチュラリスト』誌にエッセイの連載を開始する。この連載は二〇〇一年一月まで、二七年間三〇〇回にわたって続いた。エッセイ欄のタイトルは、this view of life（渡辺政隆氏の訳にしたがえば、「かくのごとき生命観」）はダーウィンの『種の起原』全体を締めくくる最後の一節に出てくる文章で、G・G・シンプソンもまたこの言葉を書名に使っている。エッセイの大部分は、共通するテーマにまとめて、順次、単行本化されており、『ダーウィン以来』（一九七七年）、『パンダの親指』（一九八〇年）、『ニワトリの歯』（一九八三年）、『フラミンゴの微笑』（一九八五年）、『がんばれカミナリ竜』（一九九一年）、『八匹の子豚』（一九九三年）、『干し草のなかの恐竜』（一九九五年）、『ダ・ヴィンチの二枚貝』（一九九八年）、『マラケシュの贋化石』（二〇〇〇年）、そして『ぼくは上陸している』（二〇〇二年）という一〇冊（邦訳はそれぞれ上下二分冊なので、全部で二〇冊）になった。いずれもドーキンスの著作と同じように、世界的なベストセラーとして版を重ねている。

これらのエッセイ集に含まれる話題は、進化論と科学史が中心だが、社会と科学の関係や大好きな野球やオペラまで多岐にわたる。博覧強記を誇るグールドは、幅広い教養をもとに、鮮やかな語り口で、毎回かならずなにか新しい事実や視点を掘り出してきては、読者を楽しませてくれる。テーマはいくつかのグループに分けることができるが、その一部は問題をふくらませて、論文や単行本として刊行された。主要な著作を年代順に見ながら、グールドの関心のありかを探ってみよう。

『個体発生と系統発生』[1]

一九七七年に刊行されたこの大著は、グールドのもっともすぐれた業績の一つとみなされているもので、個体発生と系統発生の関係を本格的に論じている。冒頭に掲げられた「謝辞」によれば、この本はエルンスト・マイアの勧めによって書きはじめられたもので、進化論に関する大著を書き上げるための予行演習という意図があったという。

その大著のほうは死の直前に『進化思想の構造』として完成する。最初の構想を二五年後に結実させたのは、みごとな学者人生というほかない。余談ながら、『個体発生と系統発生』は最初の妻デボラに捧げられている。

本書は大きく二部に分かれ、第一部は「反復説」と題されている。これは「個体発生は系統発生を繰り返す」という誤解を招く言い方で流布しているエルンスト・ヘッケル[1834 – 1919]の生物発生原則のことである。グールドは、進化論の発展の歴史のなかに位置づけながら、この説の再評価を試みている。反復説はいまでこそ学界でほとんど見向きもされないが、一九世紀には比較発生学や古生物学の指導原理であったし、いまでも大衆のあいだでは人気がある（たとえば、一部の人々のあいだで評価の高い三木茂夫などは典型的な反復説論者である）。進化論の勝利のなかで、反復説が人種差別や発達心理学、さらにはフロイト派の精神分析に根拠を与えていく過程を例証していくあたり、科学史家としてのグールドの面目躍如たるものがある。

第二部は「異時性と幼形進化」と題され、こちらがいわば本論である。異時性（ヘテロクロニー）という概念はヘッケルが同時性（シンクロニティ）の対語として一八七五年に提唱したもので、個体発生において、特定の器官の発生のタイミングや速度が促進されたり遅滞したりすることを指す。発生のタイミングの変化は結果として成体における幼形化を生じ、それが種の分岐（系統発生）をもたらすというわけである。

発生速度の促進すなわち性的早熟によって生じる幼形進化がプロジェネシスであり、特定器官の発達の遅滞によって生じる幼形進化がネオテニーであるとし、それぞれを生活史戦略のｒ戦略とＫ戦略（ｒ戦略は、個体数が増えることに対する制限がない生息環境での生存に適した戦略で、多産、早熟、短い世代時間、小さな体といった特徴をもち、Ｋ戦略は、安定した環境で個体数の増加が制限されている場合に適した戦略で、少産、晩熟、長い世代時間、大きな体といった特徴をもつ）に対応づけて、生態学的・進化的な意味を論じている。

そして最後の第10章では、人類進化におけるネオテニーの重要性を指摘する。この本のさわりの部分は、初期のエッセイ集にたびたび取り上げられており、たとえば、『ダーウィン以来』の第2部、『パンダの親指』の第1部と『ニワトリの歯』の第3部などに見ることができる。

グールドが『個体発生と系統発生』を書いたのは、ホメオティック遺伝子が発見される一〇年以上も前で、進化発生生物学（エボデボ）が生物学の中心テーマになるなど想像もできなかった時代のことだった。進化における個体発生の重要性を指摘したグールドの先見の明は、分子生物学の、とくにヒトゲノム計画以後の発展によって裏づけられたわけである。ここには、生物を歴史として捉えるグールドの真骨頂が現れている。

エボデボの世界的な指導者の一人で、『シマウマの縞・蝶の模様』の著者であるショーン・キャロルも、この分野の発展におけるグールドの貢献を高く評価している。

「サンマルコのスパンドレルとパングロス風のパラダイム」[2]

ルウォンティンとの共著で、社会生物学論争のさなかに発表されたこの論文は、一九七八年にロイヤル・ソサエティにおける「自然淘汰による適応の進化」というシンポジウムで読み上げられた。

論文は、サンマルコ大聖堂の天井の四隅にある伝道者の像を飾る「スパンドレル」が、もともとは単なる建築学上の制約のためにつくられた空間であり、像の収蔵が目的ではなかったことの例証から始まる。そこから、生物個体のあらゆる器官に関しても、見かけがいかに適応的であっても、その目的のために進化したとはかぎらないと論をすすめ、現代の進化生物学が適応万能論に陥り、器官や遺伝子の適応性を強調しすぎるあまり、パングロス博士（ヴォルテールの小説にでてくる登場人物で、あらゆる事物は最善の目的のためにつくられていると主張する）風の誤りを犯していると批判する。そして、個体を単位とする多元論的な進化論こそが必要だと主張した。

この論文は大きな注目を集め、グールドのすべての論文のなかでもっとも被引用回数の多いものとなった。この全体論的な立場からの適応主義批判は、進化における個体発生の意義の重視とも関連しており、エッセイ集では、『ニワトリの歯』の第3部、『がんばれカミナリ竜』の第2部、

『八匹の子豚』の第2部などで、この問題が論じられている。

一九八二年の七月に腹部中皮腫と診断され、医学図書館で文献を調べて余命が平均で八か月と書かれているのを見て衝撃を受けるが、二年間の闘病（この間も連載は中断されることがなかった）の末に奇跡的に回復し、二〇〇二年の五月まで生きながらえた。このときに統計のもつ意味について再考した経緯が『がんばれカミナリ竜』の第32章に語られている。回復後、ふたたび旺盛な執筆活動を開始する。

『人間の測りまちがい』[3]

一九八四年に刊行された『人間の測りまちがい』[3]は、脳や身体部位の計測値や知能検査のIQ値などを、人種差別や性差別の根拠とすることへの痛烈な批判の書である。差別の科学的根拠を求めるという意図のもとになされたとき、統計的な数値がいかに誤った結論を導きうるかを、グールドは原典のデータにさかのぼって、ていねいに解き明かしていく。本書は次章で見るように、社会生物学論争におけるグールドの態度を理解するうえで重要な文献であり、弱者、敗れ去り、歴史に見捨てられた人々へのグールドの共感の根源を知ることができる。このテーマに関するエッセイは多く、『ダーウィン以来』の第27章、第31章、『パンダの親指』の第4部、『フラミンゴの微笑』の第12章、第20章などがそうである。

『嵐の中のハリネズミ』[4]と『時間の矢・時間の環』[5]

一九八七年には、『嵐の中のハリネズミ』[4]と『時間の矢・時間の環』[5]という二冊の本が出る。『嵐の中のハリネズミ』は、主として『ニューヨーク・レヴュー・オヴ・ブックス』に掲載された書評集で、進化論、IQ論争、宇宙論、科学論などに関する幅広い著作を取り上げて、グールド流の包丁さばきで、随所にスパイスを効かせながら、鮮やかに料理している。

『時間の矢・時間の環』は、中皮腫から奇跡の生還を果たした直後の一九八五年にイスラエルのヘブライ大学で開講された第一回ハーヴァード・エルサレム講義の内容をもとにしたもので、病気の治療にあたった二人の医師に献辞がなされている。この本のタイトルは、進歩史観と循環史観という二つの歴史観を象徴するもので、両者の関係を、トマス・バーネット、ジェームズ・ハットン、チャールズ・ライエルという三人の地質学者の時間観念を俎上に乗せてたどっている。グールドの目的は、進化論における進歩史観への批判としての時間の循環論の擁護であり、その意味では、断続平衡説の続編という側面をもっている。

『ワンダフル・ライフ』〔6〕（原著一九九〇年）

グールドの名を世界にとどろかせたこの本は、カナダのブリティッシュ・コロンビア州にあるバージェス遺跡から見つかった化石群についての記録である（エッセイ集では、『ダーウィン以来』の第15章、『八匹の子豚』の第15章、第30章などで触れられている）。五億五〇〇〇万年前ころのものとされるバージェス頁岩には、奇跡的ともいうべき幸運に恵まれて、骨格をもたない体のやわらかい動物の化石が数多く保存されていて、いわゆるカンブリア紀の大爆発の直後の動物がどのようなものであったかを知るうえで格別に貴重な遺跡である。

そこで見つかる奇妙奇天烈な化石動物の発見と、その分類学的な位置づけをめぐる解釈の変遷を梃子にして、グールド独自の進化観を披瀝している。丹念に資料を掘り起こし、科学的発見の歴史を復元するグールドの手並みは鮮やかで、それだけでも読むに値する物語であるが、そこで開陳されている進化観には、かならずしも賛成できないところがある。

グールドがこの本で提起している重要な概念として、異質性（disparity）がある。異質性は種の多様性（diversity）に対して、体制すなわち体の設計プランのちがいをあらわすもので、分類学的には異質性は門のレベルに対応する。グールドがカンブリア紀の動物の進化に関してもつ見取り図は次のようなものである。

すなわちカンブリア紀には爆発的な異質性の増大があり、多数の門が一挙に出現したが、その多くは絶滅してしまい、一部の幸運な門だけが生き残って多様化をとげた、というのである。この見方の根拠になっているのは、バージェス頁岩に見つかる化石動物には、現在の分類学のいかなる門にも収容できない奇妙奇天烈な動物が見つかるという事実である。

しかし、『ワンダフル・ライフ』が出版されてから二〇年以上たった現在では、グールドが独自の門に分類すべきだとしたほとんどの動物が、その最初の分類を与えたコンウェイ・モリスその人によって、従来の動物門に分類できることが明らかにされている。したがって、最初に多数の門ができて、カンブリア紀に異質性が最大であったというグールドの主張は根拠を失ってしまった。

カンブリア紀に現生のほとんどの動物門が出現したのは事実だが、合理的な説明が不可能なわけではない。たとえば、地球の酸素濃度の上昇によってこの時期にはじめて体の大型化が可能になったために化石が見つかるが、それ以前の生物は小さすぎて化石として残らなかっただけだといった説得力のある仮説が提示されている。

種から属、科、目、綱と漸進的な枝分かれによる進化を前提とする従来の梯子状ないしは逆円錐形の系統樹に対するグールドの批判（断続平衡説、あるいは大進化と小進化のメカニズムは異なるといった主張）に聴くべきところは多いが、この本で展開された論理は明らかに行き過ぎであった。結果として、多くの識者に、進化に関して誤った印象を与えることになった。

たとえばスチュアート・カウフマンは『自己組織化と進化の理論』[7]において、カンブリア紀の大爆発について、「たがいに非常に異なった身体の仕組みをもつ生物の門が多数うまれることにより、自然は急激に前進した。そして、この基本的なデザインがより精緻化されることにより、綱、目、科、属が形成されていったのである」と述べている。

実際の種分化の過程をちょっとでも具体的に思い浮かべれば、それがいかに荒唐無稽な逆立ちした言い分であるかはただちにわかるはずである。ドーキンスは『虹の解体』（この第8章全体が『ワンダフル・ライフ』批判に当てられている）のなかで、それはまるで、庭師が古いオークの木を見て、「この木にはもう何年も太い枝が生えてこない。最近じゃ細い小枝しか伸びてこない」とつぶやいているのと同じだと揶揄している。いきなり太い枝（門）が生えるはずがなく、細い枝（種）が時間とともに太くなっていくだけのことだというわけである。

この本で、おそらくグールドがもっとも言いたかったのは歴史の偶発性であろう。生命のテープを巻き戻せば、そのたびに異なった進化の様相が現れるはずだというのが、グールドの主張だが、この点についてドーキンスは『祖先の物語』末尾の「進化のやり直し」という項で検討を加えている。そこでの議論については、第11章であらためて述べよう。

＊

最初の妻デボラとは離婚後、一九九五年に彫刻家のローランド・シアラーと再婚。ジェイドとロンドンという二人の子供の継父となる。

『フルハウス』〔8〕

一九九六年に出版された『フルハウス』〔8〕は、『ワンダフル・ライフ』の姉妹編にあたるもので、進化における「進歩」が幻想であり、実際に起こっているのは多様性の増加でしかないと主張するものである（この手の話題は、『フラミンゴの微笑』の第14章、『がんばれカミナリ竜』の第32章、『干し草のなかの恐竜』の第23章などでも論じられている）。前著がカンブリア紀の化石を題材にしたのに対して、こちらでの話題の中心は野球である。

グールドの野球好きは、あらゆるエッセイ集にかならず何編か野球に関するものがあることからもうかがえるが、本書では、なぜ四割打者は絶滅したかという疑問をテーマに、測定値の見かけの傾向《トレンド》が統計的な変動にすぎない場合のあることを例証する。つまり、四割打者が減ったのは打者の能力が低下したためではなく、守備と攻撃の双方の技術が向上することによって集団の変異幅が縮小し（極端な低打率と高打率が少なくなる）ために、四割を超えることが起こりにくくなっているにすぎないというわけである。

ドーキンスはこの本の書評も書いていて、統計的な変動で説明できるという結論に賛同しながらも（進歩的な進化が存在しないという全体的な結論に賛成しているわけではない）、なぜ、その話を野球でしなければならないのかと批判する。野球の話が世界中で通用すると思うのはアメリカの男性至上主義的な傲慢さだと非難し、クリケットの述語をちりばめた文章を示して、こんなことを書かれたらアメリカ人は訳がわからないだろう（翻訳者の私も翻弄された）と挑発した。

グールドのこの文章が暗に批判しているのは、捕食者と被食者の軍拡競争によって双方に進歩的な進化が起こるという類の進化生物学的な主張であろう。

しかし、野球においては打者と投手は対等な利害関係のもとで戦いつづける（打者を抑えられない投手も、投手を崩せない打者もやがてお払い箱になる）がゆえに、グールドの主張するような事態が起こるわけであるが、生物の種間競争では利害の非対称があるので、野球のような縮小均衡の状態にならず、進歩的な進化が十分に起こりうる。この点については、第11章でもう少しくわしく論じる。

『ワンダフル・ライフ』と『フルハウス』でグールドが述べている素朴な進歩主義や人間中心主義に対する批判は正しいし、統計がもたらす錯覚についての指摘もあたっている。しかし、すべての進歩的な進化が統計の幻想にすぎないというグールドは明らかに行き過ぎであるというドーキンスの批判については、第11章で再論しよう。

＊

一九九九年には『千歳の岩』（邦題は『神と科学は共存できるか』）を出版する。これはグールドの宗教観の表明であり、無神論者ドーキンスの『神は妄想である』と大きく意見の対立が見られるところなので、第10章で、両者を対比させながら論じることにしたい。

9章　社会生物学論争と優生学

エドワード・O・ウィルソンが一九七五年の夏に出版した大著『社会生物学』〔1〕は、生物学者だけでなく、人類学者、社会学者、科学哲学者まで巻き込んだ一〇年以上にわたる大論争を引き起こすことになった。

論争の主役は、著者ウィルソンに対する批判派のグールドおよび盟友のリチャード・ルウォンティンだったが、ドーキンスを含めて、さまざまな分野の人間が論争に加わった。この論争に関しては、いくつもの文献があり、日本でも主要な何冊かの本はすでに翻訳されている。

ウィルソン陣営に好意的なものとしてはジョン・オルコックの『社会生物学の勝利』〔2〕、グールド陣営に好意的なものとしてはアンドリュー・ブラウンの『ダーウィン・ウォーズ』〔3〕、比較的中立的なものとしてウリカ・セーゲルストローレの『社会生物学論争史』〔4〕があげられる。

とりわけ、最後の書にはきわめて詳細に論争の過程と内実が描かれているので、関心のある人には一読を推奨したい。論争の詳細については、これらの本にゆずって、ここでは、グールドとドーキンスの論争へのかかわり方における個人的な背景のちがいに重点をおいて考察してみたいと思う。

論争のはじまり

論争の火ぶたを切ったのは、ボストンに住む一団の左派研究者からなる「社会生物学研究グループ」だった。このグループは、一九七五年の一一月に『ニューヨーク・レヴュー・オヴ・ブックス』に激しい批判の手紙《レター》を寄せた〔5〕。

この手紙には、医学部の学生エリザベス・アレンを筆頭に一六人の研究者が名を連ねていたが、そのなかにハーヴァード大学におけるウィルソンの同僚、グールドとルウォンティンの名があったために、メディアの注目を浴びることになった。

手紙の中身は、ウィルソンの理論が政治的な現状を肯定し、社会の不平等を正当化するものだという、きわめて政治的な宣告で、典型的なレッテル貼りと言えるものであった。そこには、「これらの理論は、米国における一九一〇〜三〇年の断種法および移民制限法の制定、そしてさらにはナチス・ドイツにおいてガス室の創設をもたらした優生政策にとっての重要な基盤を提供した。こうした使い古された理論を甦らせようという最新の試みが、社会生物学という新しい学問分野の創造と称するものとともに訪れるのだ」と書かれていた。

こうした批判にまったく根拠がないわけではなかった。客観的に見て、『社会生物学』は当時の広汎な動物行動学・動物社会学の最新論文を網羅しており、データベースとして現在でも価値を失わない名著ではあるが、その第1章と最終章にはつけいられる隙があった。

第1章で「社会生物学は、人間を含めたすべての社会行動の生物学的基礎についての体系的研究である」と定義し、記載分類学や生態学が現代的総合「ネオ・ダーウィン主義」に統合されたのと同じように、「社会学や他の社会科学だけでなく、人文科学もゆくゆくはこの現代的総合に統合される」だろうと、述べている。そして締めくくりの第27章の冒頭には「人類学と社会学はともに、ヒトという単なる一種の霊長類に関する社会生物学を構成している」とまで高言していたからである。

その社会生物学の内実が、行動生態学と呼ばれるネオ・ダーウィン主義の一分科であるならば、遺伝子決定論だという批判が出てくるのは、当時の政治的状況のなかでは想定の範囲と言わなければならないだろう。

ウリカ・セーゲルストローレのインタヴューを受けたメイナード・スミスは、英国の知識人なら、そういう政治的反発がくることは当然予想できたはずだが、米国ではちがうのかもしれないと答えており、実際、ウィルソンは政治的にナイーブでまったく予想もしなかった攻撃にうろたえたようである。

批判に対して、当然ウィルソンは、誤読と誤解であるとして、反論を試みるのだが、反動的科学者というレッテルは重かった。多くの社会科学者や人文科学者が原著を読まずに、ルウォンティンらの批判に同調した。

より活動的な「人民のための科学」やCAR（人種差別反対委員会）といったグループが加わることによって、批判はますます過激なものとなり、一九七八年二月の有名な水かけ事件が起きる。全米科学振興協会が主催した二日間にわたる社会生物学に関するシンポジウムで、演壇に立ったウィルソンに、人種差別主義者粉砕を叫んで、一〇人ほどのCARのメンバーが駆け寄って、コップの氷水を頭から浴びせかけたのである。この事件にはマスコミが飛びついて大きなニュースとなる。

ことの発端となった社会生物学批判の手紙は連名であったとはいえ、実質的にはルウォンティンがほとんど一人で書いたものであった。それは先にも述べたように、学問的な批判と呼べるようなものではなく、「人間の行動の遺伝的な基盤を論じること自体が人種差別的なのだ」という体のものだった。

後には、グールドとルウォンティンの「スパンドレル」論文という形での学問的な論争が見られるが、こうした始まり方ゆえに、社会生物学論争は、もっぱら政治的なものとみなされることになってしまった。しかもルウォンティンの批判には、政治的批判のために、ウィルソンの文章を意図的に歪曲するという部分さえあった。

私のこれまでの印象は、初期のルウォンティンは政治的な動機を優先するあまりやりすぎたのであり、グールドはそれに引っ張られたのではないかというものだった。しかし、今回『人間の測りまちがい』の改訂増補版の「序」を改めて読んだところ、その印象は誤りで、グールド自身がかなり積極的にかかわるべき動機をもっていたことがわかった。グールドはそこで、生物学的決定論打倒への熱い気持ちを語っているのである。

『人間の測りまちがい』は、具体的にはＩＱテスト等にもとづく人種差別批判のために書かれたものであるが、序文を読めば、主たる目的は生物学的決定論批判にあることがわかる。グールドの認識によれば、生物学的決定論は学問的には還元主義と密接に結びついており、政治的には保守派の反動に呼応して弱者を切り捨てる優生学的な論拠として周期的にもちだされるものだと言う。したがって、生物学的決定論が出てくるたびに、叩く必要があるというのだ。グールドがとくに神経をとがらすのは、人間の知能が遺伝的に決まっているという主張であり、これには彼の出自がかかわっている。

人種差別との闘い

すでに述べたように、グールドの祖父はハンガリー系のユダヤ人であったが、東欧系のユダヤ人は米国において二重の意味で差別を受けてきた。アカデミズムの世界ではユダヤ人はエリートであり、権力の枢要な地位を占めている人間が多いのも事実だが、一般社会ではヨーロッパにおけるほど公然とではないにしても目に見えない差別を受けてきた。

たとえば、黒人差別運動で有名な秘密結社クー・クラックス・クラン（KKK）は、ユダヤ人を排斥対象リストに入れていた。二〇〇九年にはじめて黒人の大統領が就任したが、ユダヤ教徒の大統領はいない（歴代大統領の多くが隠れユダヤ人だという陰謀論者はいるが、かりにその怪しげな話にいくばくかの真実があったにせよ、ユダヤ教信仰を公言しない人間をユダヤ人と呼ぶのはあまり意味がない）。

おまけに東欧系は別の言われない差別を受けていた。それは一九二四年に成立した絶対移民制限法のせいだった。この法律は「劣った人種の増大でアメリカ社会全体の血が劣化することを防ぐ」という目的で制定されたもので、具体的には移民の構成を一八九〇年の国勢調査の出身国構成比の二％以内に制限するとしており、アングロサクソン以外の移民をほとんど拒絶することを意味していた。

日本人はこの法律の排日条項によって事実上締め出されることになり、日米戦争の原因の一つとなったことは有名だが、東欧系と南欧系の移民も同様の迫害を受けたことはあまり知られていない。その根拠となったのが、H・H・ゴダードがニューヨークのエリス島で実施した知能検査の結果であった。

その詳細は『人間の測りまちがい』に書かれているが、英語を日常的に解さない移民には明らかに不利なテスト方法であり、しかも調査対象者の抽出にも作為があった。その結果、ユダヤ人、ハンガリー人、イタリア人、ロシア人のおよそ八〇%が精神薄弱だとされた。ちょっと常識があれば、そんな馬鹿なことがありえないのは分かりそうなものだが、なんとこれが移民制限法の根拠となったのである。

グールドの祖父が入国したのは、一九〇一年であるから、制限を受けるよりずっと前の世代であるが、このような知能評価が移民系住民を差別する理由に利用されたことは想像にかたくない。グールド一家はそうした差別のただなかで生きてきたのである。そして、盟友ルウォンティンもまた、ニューヨーク育ちのハンガリー系ユダヤ人の家系であった。移民制限法はＩＱ値を指標とする知能決定論と、それにもとづく人種差別という二重の誤りを含むもので、こうした歴史に苦しめられたグールドらが、社会生物学を新手の生物学的決定論として警戒するのも無理からぬことであった（しかし、あとで説明するように、社会生物学を単純に遺伝子決定論ときめつけるのには疑問がある）。

集団遺伝学と優生学の親和性

グールドらが社会生物学に激しく批判的であったという点については、遺伝学、ことに集団遺伝学と優生学の親和性という問題もある。優生学は、よく知られている通りダーウィンの従弟にあたるフランシス・ゴルトンの発案になるもので、その動機は、社会政策や戦争によって英国民の遺伝的資質が劣化するのを防ぐための方策を講じなければならないというものであった。

ゴルトンは一九〇四年にロンドン大学に国民優生学研究所をつくり初代所長に弟子のカール・ピアソンを任命した。ピアソンは回帰分析やχ二乗検定の考案などによって統計学の基礎を築いた。一九一一年にゴルトンが死ぬと、大学に寄贈された莫大な遺産をもとに、ゴルトン優生学講座がつくられ、ピアソンは初代教授となり、また応用統計学の講座を併設して、その教授も併任した。

ピアソンはカール・マルクスに傾倒して名をカールと改めたほどの社会主義者であったが、熱烈な優生論者でもあり、現在から見れば人種差別主義者的な色彩が濃厚であった。ただし、ピアソンは実際の運動にはまったくかかわらなかった。

カール・ピアソンが死ぬと、応用統計学の教授職は息子のエゴン・ピアソンに引き継がれるが、優生学の教授職はR・A・フィッシャーが引き継ぐことになる。フィッシャーは分散分析や最尤法などを編み出した現代の推計統計学の祖でもあるが、突然変異説が自然淘汰説と両立しうることを証明し、集団遺伝学の確立に大きな役割を果たしたことはすでに述べた。

彼が主要な研究をおこなった場は、ロザムステッド農事試験所で、ピアソン親子とは学問上の論争で大喧嘩をしていたため、カールの存命中は招請を断ったが、死後（一九三三年）優生学講座の教授職を引き継いだ。

しかし、一九三九年に第二次世界大戦が勃発すると優生学科は解体され、またロザムステッドに戻って不遇の晩年を送ることになる。フィッシャーも若いときから熱烈な優生論者で、その主著である『自然淘汰の遺伝学理論』のおよそ三分の一は優生学に割かれていて、文明の凋落を上流階級の出生率の低下と結びつける理論を展開している。

また、優生学会の中心メンバーとして断種法の制定を要求する運動を起こし（結果的には成功しなかった）、さらに、優れた人間は多くの子供を残すべきだという信念を実践して、八人の子をもうけてさえいる。

優生学科が解体されたあとに遺伝学科が創設され、J・B・S・ホールデンがその教授となる。ホールデンは破天荒な人物で、その波乱に満ちた生涯はR・クラークによる伝記（『J・B・S・ホールデン――この野人科学者の生と死』、鎮目恭夫訳、平凡社刊）に詳しい。ホールデンはルイセンコ論争を契機にして離党するまで、熱心な共産党員だったが、やはり優生論者であり、今でいうクローン人間を使った積極的優生学のようなものを提案していた。本書との関連では、フィッシャーとホールデンが犬猿の仲であり、弟子同士も敵対していたため、ホールデンの弟子であったメイナード・スミスとフィッシャーの弟子にあたるウィリアム・ハミルトン（彼もまた師の影響で、熱烈な優生論者であった）の最初の出会いが不首尾に終わったことにも触れておかなければならない。

このように、集団遺伝学者は優生学ときわめて親和性が強い。けれども、集団遺伝学者だけでなく、ふつうの遺伝学者にも優生学的な考え方をする傾向はある。ショウジョウバエ遺伝学の祖であるトマス・H・モーガンは優生論者であったし、さらに熱烈なのは弟子のハーマン・マラーで、彼の積極的優生学のアイデアがノーベル賞受賞者精子銀行を生み出すことになった。日本を代表する集団遺伝学者である木村資生も『生物進化を考える』〔6〕のなかで、ホールデンやマラーの優生学的発想に強い共感を示している。

そもそも遺伝学は、生物の形質が遺伝子によって決定されるという前提のもとに成り立っている学問であるから、遺伝子決定論に傾きやすいことは否定できない。しかし、最新の分子遺伝学の教えるところでは、遺伝子から最終的な表現型の発現までには複雑な過程があり、環境の影響だけでなく、遺伝子の相互作用も絡んでいる。したがって、まっとうな遺伝学者の多くは、生物の形質が個別の遺伝子によって単純な機械論的な過程で決定されるとは考えていない。まして知能のような複雑な形質が少数の遺伝子によって一義的に決定されるなどとは思っていない。

だが、個体の形質が遺伝子によって一義的に決定されないということをもって、進化が遺伝子頻度の変化によって起こるという筋書きが否定できるわけではない。個体レベルと集団レベルのちがいがあるからだ。

グールドが『人間の測りまちがい』で統計の嘘として暴いているように、集団として平均的な差があったとしても(たとえば男のほうが運動能力において女に勝る)、個々の構成員を見れば、そうは言えない(男よりも優れた運動能力をもつ女はいくらでもいる)こともある。それと同じ関係が遺伝学と集団遺伝学のあいだにある。

ネオ・ダーウィン主義的な進化論においては、個体の生存に相対的により貢献する遺伝子が集団内でしだいに増えていくことが進化だと主張するのであり、これは、あくまで集団における確率統計学的な現象で、生物個体の性質、たとえば人間の知能が遺伝子によって決定されるという主張とは話の次元が異なるのである。

集団のなかでの生き残りに関して、ある遺伝子をもつ個体がもたない個体に比べてわずか一〇%でも有利であれば、もつ個体ともたない個体の比率は次世代では五五対四五、その次の世代では六〇対四〇となり、わずか一〇数世代で、その遺伝子をもたない個体はほとんどいなくなってしまう。

このように集団遺伝学にもとづく進化過程では、ある遺伝子の効果は絶対的である必要がなく、わずかに有利という相対的な効果があればいいのである。したがって、ネオ・ダーウィン主義を、単純に遺伝子決定論と呼ぶのは、明らかに誤りである。

人種差別の論理

グールドやルウォンティンが社会生物学や利己的遺伝子説に、あれほど激しい拒否反応を示した理由は、おそらく米国において遺伝子決定論や優生学が果たしてきた役割の歴史に求められるだろう。米国では歴史的につねに知能の遺伝子決定論が人種差別の論拠として使われてきたからだ。

西洋人による人種差別のルーツは大きく二つに分けることができる。一つはキリスト教成立以来の宗教的・文化的な相違に発するもので、キリスト教徒によるユダヤ教徒、イスラム教徒、ロマ（かつてジプシーと呼ばれた人々で、宗教的にはもともとヒンドゥー教徒だったとされるが、居住地の宗教に改宗している場合が多い。彼らが差別されるのは宗教よりもむしろ、遍歴型の生活習慣によると考えられている）に対する差別である。一六〜一七世紀にはキリスト教内部で、カトリックとプロテスタントの血みどろの戦いがあり、ドイツにおける農民戦争、三〇年戦争、フランス国内を二分したユグノー戦争など、おびただしい数の死者をだした。両派の対立は、現在でもアイルランド紛争におけるように、根強く残っている。宗教的差別の問題は、第10章のテーマなので、そちらで改めて論じよう。

もう一つのルーツは西洋列強の植民地支配にまつわるものであり、先住民をその土地から排除し、黒人を奴隷として使役することを正当化するための論拠としての人種差別である。新大陸を発見したヨーロッパ人は、植民地支配に乗り出すのだが、南北両アメリカ大陸には先住民が独自の文化や文明を築いていた。

メキシコ近辺に栄えていたマヤ文明をひきつぐアステカ王国は、一五二一年にスペイン人征服者《コンキスタドーレ》コルテス〔1485－1547〕によって滅亡させられた。エクアドルからペルーに至る広大な版図をもっていたインカ帝国は、一五三二年にこれまたスペイン人征服者であるピサロ〔1470－1541〕によって打倒された。少数の征服者が強大な王国を打倒できた理由はジャレド・ダイアモンドの『銃・病原菌・鉄』〔7〕でくわしく解明されているが、銃や騎馬をはじめとする軍事技術の優越に劣らず、ヨーロッパ人がもちこんだ伝染病の流行が大きな要因となった。

いずれにせよ、これによってスペインは大量の金・銀を採掘することができるようになり、歴史的な繁栄を誇る。この採掘に際して、現地民（インディオ）を過酷な条件で強制労働に就かせ、死に至らしめ、そのためほとんど絶滅に近い状態に追い込んだ。そして、その穴埋めに、アフリカ西海岸の黒人を奴隷として連行し、強制労働させたのである。スペイン人はインディオの土地だけでなく、その命まで奪い、あげくに黒人を奴隷として使役したのだ。

その後、この手法をあらゆるヨーロッパの列強が模倣して、世界各地の植民地経営をおこなった。その際、そうした侵略行為を正当化する論拠としてもちだされたのが、歪曲された人類進化論である。すなわち、人類は黒人、有色人種、白人という形で進化したのであり、優秀人種たる白人は劣等人種たる黒人や有色人種を支配する権利があるという主張だった。

グールドが『ワンダフル・ライフ』の第1章で厳しく糾弾した類人猿→猿人→原人→旧人→新人という進歩の行進図は、まさにそうした誤った進化観の象徴である。グールドが直線的な進化系列の図式を嫌悪するのは、それが進化的・古生物学的な事実に反するというのもさることながら、人種差別を支持する科学的根拠としてもちだされてきたという歴史ゆえでもあったのだろう。

北アメリカ大陸における白人支配は中南米とは少し様相を異にする。その理由の一つは、先住民が統一国家を形成しておらず、国家権力の奪取による支配という構図にはなりえなかったことで、入植者たちは、個別の部族との戦いを通じて支配地を広げていった。アメリカのフロンティア・スピリッツとは、裏を返せば、先住民の放逐と虐殺を正当化する精神であった。

様相が異なるもう一つの理由は、アメリカがヨーロッパ列強の植民地から独立した新国家として歩んだことである。独立宣言にかかわった建国の父たちは、フランス革命の精神を受け継ぎ、自由と民主主義を理念として掲げた。しかしながら、万人の自由を建前としながら、建国のときから、先住民の虐殺と奴隷制という理念に反する矛盾を抱えて進まなければならなかった。差別を正当化するより強力な理論が切実に求められたゆえんである。

南北戦争を通じての奴隷解放によって、矛盾の一部は解消されたが、解放された奴隷や抑圧された先住民の人権は久しく保証されないままであった。公民権運動につながるような歴史的な趨勢が、しだいに黒人や先住民の権利回復へと向かっていくにつれ、既得権を脅かされることを恐れる下層階級の白人(プーアホワイト)を中心にして、権利拡大に反対する運動が周期的に繰り返されてきた。その中心に位置するのが、人種差別的な優生学であった。

「科学的な」根拠にもとづいて、黒人や先住民(ついでにアジア人、東欧、南欧人も含めて)は劣った人種なのだから、白人が優越的な権利をもつのが当然であると言うのである。その「科学的な」根拠とは知能テストであり、知能は遺伝的に決定されるという主張であった。

グールドが再三指摘するように、そうした主張は政治的にはつねに、保守派、反動派の運動と結びついていた。たとえば、シリル・バート〔8〕の活動や『ベル・カーブ』〔9〕の出版をめぐる騒動である。それゆえ、アメリカにおいては、遺伝子決定論者、人種差別主義者、優生論者、政治的保守派は一蓮托生とみなされがちなのである。

しかし英国では事情は異なる。上記のように優生論者の多くは共産主義者、社会主義者ないしはリベラル派であり、優生論は人種差別とほとんど結びついていなかった。英国の優生学は上流階級の危機感に根ざすものであり、あえていえば階級差別的なものであった。方法論に関しても、断種による消極的優生学ではなく、すぐれた形質をもつものを増やすという積極的優生学論者が多かった。優生学と人種差別が結びつくのは米国においてだった。

優生学と人種差別

遺伝学者チャールズ・ダヴェンポート〔1866 − 1944〕などが中心となって、米国全土に巻き起こされた優生学運動は、一九〇七年にインディアナ州で世界初の断種法の制定をもたらした。そして、一九〇九年に制定されたカリフォルニア州の断種法は、のちにナチス・ドイツの断種法（遺伝病子孫予防法）のモデルとなる。

これらは、性犯罪者や梅毒患者の断種を認めるというだけのものだったが、先に述べた絶対移民制限法は、「劣った人種」という概念を導入することによって、優生学を人種差別の手段という新しい次元に押し上げたのである。そしてこれがナチス・ドイツに輸出され、ユダヤ人・ホロコーストへとつながった。

こういうわけで、米国においては、英国とちがって、リベラル派が遺伝子決定論や優生学に過敏に反応する土壌があったのだ。グールドやルウォンティンらの社会生物学に対する過剰と思えるほどの反応は、こうした背景に照らしてはじめて、理解することができる。

差別は基本的に、内部集団と外部集団を区別し、外部集団を排除する根拠とされるものである。内部と外部の境界は相対的なものであり、村どうしから始まって、民族、国、人種という区別もあれば、男と女という区別もある。

種は進化的に見れば絶対的に定義できるものではなく、特定の空間的・時間的限定のなかでのみ有効な便宜的な呼び名にすぎない。人種は、ヒトという一つの種を肌の色という軽微な生物学的形質、および文化や習俗をもとに人為的につくりだされた区別である。

進化的な時間を射程に入れれば、クロマニヨン人やネアンデルタール人も人類と連続した存在であり、さらに時間をさかのぼれば、ゴリラやチンパンジーも大型類人猿というくくりでまとめることができる。

ドーキンスは、人間が他の動物に対して特権的な立場にあるという考え方に反対で、大型類人猿保護プロジェクトに積極的に参加しており、動物（クジラを含めて）保護運動一般にも強い共感を示している。私の知る限り、グールドが動物保護の話題に触れたのは『嵐の中のハリネズミ』におけるハリエット・リトヴォ著『階級としての動物』の書評ぐらいである。

また、ドーキンスは同性愛者の人権擁護に強い関心をもっているが、グールドがその点に触れているのを見た記憶がない。ひょっとすると、そういう行為を忌み嫌う宗教的感情への配慮からかもしれない。男女差別についても、いくつかの箇所で述べているものの、あまり本気で論じてはいない。グールドにとって、もっぱら具体的な人種差別だけが大きな関心事だったのであろう。

10章　科学と神のなわばり

進化論に関するドーキンスとグールドの対立は、見かけほどに大きなものではないが、宗教観のちがいは、かなり本質的なものである。グールドの『千歳の岩』（邦訳題『神と科学は共存できるか？』〔1〕）は科学と宗教が共存できるとするものであるのに対して、ドーキンスの『神は妄想である』〔2〕は、両立しえないとして、科学の立場から宗教の虚妄を暴いていく。日本語訳の出版順序は逆になったが、前者は一九九九年、後者は二〇〇六年の出版なので、まずグールドの本から見ていこう。

グールドの宗教観

『千歳の岩』は、言ってみれば、宗教と科学の棲み分け宣言である。科学と宗教の教導権は異なるのだから、お互いに立ち入らないようにしましょうという主張で、これをNOMA（非重複教導権）という言葉で表現する。教導権が異なるという根拠をつきつめていけば、科学は何が真実であるのかを明らかにすることはできても、何が正しいかを明らかにすることはできないということにつきる。

しかし、これを、自然科学と人文社会科学の棲み分けでなく、科学と宗教の棲み分けと言わなければならない理由は何なのか。道徳的な判断基準を科学が与えることができないというのは事実だが、それを宗教が与えうるという保証はどこにもない。

ドーキンスが主張するごとく、人生の意味や、人生をいかに生きるべきかについて考えるとき、科学者であれ宗教家であれ、すべての人間は対等ではないのか、なぜ、宗教ないし宗教家に特権的な地位を認めなければならないのか。もちろん、哲学者、歴史家、宗教学者や人類学者がそれぞれの学問領域において自然科学者よりも専門知識をもち、深い考察を重ねてきたことは否定できないので、彼らの言葉に耳を傾けることは必要だろう。しかし、そういう人々をさしおいて、なぜ宗教でなければならないのか。グールドは、その疑問に明確な答えを与えてはいない。

グールドは、『千歳の岩』で、科学と宗教の対立というのが、歴史的につくられた偽りであることを科学史的に例証し、多くの優れた科学者たちが内心で折り合いをつけて科学と宗教を共存させてきた例を示しているだけである。

NOMAは常識的な考え方で、多くの人が無意識のうちに実践しているものだから、ことさら言い立てるほどのものではない。グールドがあえてこの本を書かなければならなかった理由は、アメリカという特殊な国におけるグールドの困難な状況であった。

グールドは生涯を通じて、背腹両面からの二つの「敵」と闘いつづけた。

一つの敵は、前章で述べた、人種差別主義者や優生論者、その理論的根拠を与える遺伝子決定論者である。その根源は自らの境遇にかかわるものであり、闘いは自らの専門分野における、還元主義批判、ネオ・ダーウィン主義批判と結びつく。これまで見てきたように、彼の主要な著作の大多数はそのために書かれていた。

もう一つの敵は、進化論を否定する創造論である。創造論批判はある意味で自然科学者としての職業倫理といえる。宗教的に、米国は先進諸国のなかで世界に類を見ない特殊な国で、福音派プロテスタントが多数を占め、大統領選の結果を左右するほどの力をもっている。彼らはカトリックに比べてはるかに原理主義的で、創造論や創造科学、インテリジェント・デザイン（ＩＤ）説運動の中心勢力である。

アメリカ人と進化論

二〇〇七年三月に『ニューズウィーク』誌がおこなった世論調査では、「進化論は十分に実証され、科学者の間で受け入れられていると思うか」という問いに対して、米国成人の四八%が、「そうではない」と答えており、宗派別の内訳を見ると、そう答えた人間の割合は、無神論者で一八%であるのに対して、カトリックでは三三%、福音派プロテスタントでは、実に六三%にのぼっている。また、より最近の二〇一〇年の「ギャラップ」調査では、人間が自然に進化したと思う人はわずか一六%しかおらず、神の導きで進化したと思う人が三八%、神が創造したと信じる人は四〇%に達する。

『聖書』の「創世記」に書かれている神話、世界の始まりの物語を文字通りの事実と信じる考え方を創造論と呼ぶが、その歴史はキリスト教そのものと同じくらい古い。もちろん、あらゆる他の宗教も創造神話をもっている。しかし、キリスト教の創造神話が福音派と結びついて、ある種の政治的運動となるのは二〇世紀の米国においてだった。

この運動の中心的な人物は、ウィリアム・ジェニングズ・ブライアン〔1860 - 1925〕で、学校で進化論を教えることを禁止する法律を、各州で次々に成立させていった。彼の名はあの有名なスコープス裁判（一九二五年にテネシー州デイトンの教師ジョン・スコープスが進化論を学校で教えることを禁じたバトラー法に違反したとして訴えられた）における検察側弁護人として歴史に刻まれることとなった。

ブライアンについては、グールドが『がんばれカミナリ竜』で、一章を当てて論じているが、この進化論の敵は意外に同情的な書かれ方をしている。ブライアンは、三度も民主党の大統領候補になり、ウィルソン政権の国務長官を務め、婦人参政権・上院議員の直接選挙・累進課税制などの実現に尽力したリベラル派の政治家であったにもかかわらず、保守的な福音主義的創造論の旗振り役になったのはなぜなのか。その謎を解明する過程でグールドは、ブライアンに同情すべき点を見いだしたのである。

ブライアンは第一次大戦後の世界で、ナチス・ドイツや米国における優生思想の理論的根拠となっている社会進化論がダーウィン主義の直接の産物であるとみなし、強く憂慮した。自然淘汰説を弱肉強食の好戦的な理論で、ダーウィン主義が憎しみの法則によって支えられていると誤解し、それに対抗するためにキリスト教を守る運動を起こさなければならないと決意したのである。誤解にもとづくとはいえ、ダーウィン主義がはらむ優生論的な危険性はグールドも重視するがゆえに、同情すべき余地があると考えたようだ。

一九二五年のスコープス裁判は、被告の有罪判決が手続き上のミスで無効になることによって、表向き検察側は敗北したかのように見えたが、実質的には創造論側の勝利だった。スコープスを罰する根拠とされたバトラー法は、一九六七年まで存続したし、その後の公立学校の教科書から進化論の記述がほとんど一掃されるという効果をもたらしたからだ。

以後しばらく米国では、公教育の場で進化論はほとんど教えられなくなってしまった（実際にグールドがジャマイカ高校時代に教わった生物の教科書では、進化は全六六章のうちのたった一章だけで説明され、それも進化という言葉を使わず、「品種の発達に関する仮説」という欺瞞的な表現で述べられていた）[3]。しかし、創造論者たちにとってのこの平安は、一九五七年のソ連による人工衛星「スプートニク一号」の打ち上げで破られた。

ソ連に科学技術で遅れをとったという事実によって、米国政府および国民は自らの国の科学教育の欠陥に大きな衝撃を受け、教育の見直しを迫られることになったのだ。そこには当然、進化論教育も含まれていた。その結果、テネシー州のバトラー法は廃止に追い込まれ、一九六八年には、進化論を公立学校で教えることを禁じたアーカンソー州法を憲法違反とする訴えが連邦最高裁判所で認められた。

これに対して、創造論者側が猛然と反撃に立ち上がった。八〇年代に入ると、レーガン大統領（当時）の共和党右派政権を生んだ保守化の風潮に乗って、福音派キリスト教徒を中心にした創造論運動が全国的に再燃する。その目標は、進化論を教えるのを阻止できないのなら、創造論も同じように教えられるようにしようというものだった。

そして、八一年に、アーカンソー州とルイジアナ州で、進化論と創造科学を均等な時間で教えることを定めた法律を制定する。ところが、どちらも憲法違反とする住民の訴えにより、それぞれ八二年、八七年に最高裁判所で違法判決を受けた。しかし、創造論派の勢いはいっこうに衰えず、現在ではインテリジェント・デザイン（ＩＤ）説に衣替えをし、これを学校で教えることを要求する運動を全国で精力的に展開している。

グールドのジレンマ

グールドは、エッセイ集などで創造論批判の論陣を張るだけでなく、アーカンソー州法の違憲裁判で専門家として出廷し、証言する（これについては『ニワトリの歯』の第21章で詳しく述べられているし、証言記録もウェブ上[4]で読むことができる）などの活動にも積極的に取り組んでいた。しかし、この両面の敵に対する闘いで、グールドはジレンマに陥る。

第6章で述べたように、ネオ・ダーウィン主義批判は、創造論者によって進化論否定と同一視されがちだったし、一方で、創造論者に反論するために進化論の科学的根拠をつきつめていけば、遺伝子が果たす一定の役割を認めざるをえない。また根元的な創造論批判は『聖書』を信じている人々を傷つけるおそれがあり、米国社会で大きな影響力をもつキリスト教徒を敵に回すのは政治的に得策ではない。グールドは、前門の虎としてのネオ・ダーウィン主義者と、後門の狼としての創造論者のあいだに挟まれて危うい綱渡りを強いられたのである。

『千歳の岩』でグールドは、コロンブスが平らな地球説論者から抵抗を受けたという通説が科学史的な捏造であることをいつものごとくみごとな史料の解読で立証し、科学と宗教の対立というものが虚構であると説く。

そしてダーウィンとローマ教皇ヨハネ・パウロ二世を例にとって、NOMAがそういうものとして、実在してきたと主張する。しかし、ダーウィンについて挙げている証拠は、自然はつねに慈悲深いわけではなく、時に残酷非道なこともするがゆえに、科学的な真理に道徳の根拠を求めてはならないという発言だけである。

ダーウィンは、科学で説明できない領域があることを認めてはいるが、科学が踏み込んではいけない宗教的領域が存在することを主張したりはしてはいない。

グールドのNOMAは、宗教と科学の見解が異なりそうな危険地帯（たとえば、人類の起原や世界の始まりについての議論）の両側に立ち入り禁止区域を設けて、非武装地帯を設定しているにすぎないように見える。なるほど、ローマカトリック教会とグールドのあいだでは非武装地帯の協定は成立するかもしれないが、福音派キリスト教徒とのあいだで簡単には成立しないだろう。

カトリック教会は長い血みどろの歴史を経て世俗化しており、成熟した宗教であるからこそ妥協が成立するが、福音派はそうではない。まして、イスラム教徒とのあいだでいかなる協定が成立しうるのか疑問である。グールドのこの本は宗教と科学の共存の可能性を論じたものでありながら、ほとんどカトリックだけが相手であり、イスラム教については一言も触れられていない。

九・一一の後のグランド・ゼロに立ったときも、イスラム教徒については何も語っていない（もちろん、当時の米国において彼がイスラム教に触れることの政治的な意味を考えれば、グールドが何も言わなかったのは賢明であり、まったく正当なのではあるが、イスラム教徒とのあいだでもNOMAが成立するとグールドが考えていたのかどうかは明確ではない。自爆テロ犯は死ねばイスラムの天国での悦楽がまっていると信じて行動するのだが、その信仰もNOMAの対象といえるのだろうか）。

したがって、『千歳の岩』は、宗教と科学の本質的な関係を論じていると言うよりも、米国における進化論の地位を守るための、グールドの戦略的な立場表明の書と理解するのが正しいのではないだろうか。グールド自身は自らを不可知論者だと言っているが、ユダヤ教に対する信仰心と言わないまでも、畏敬の念はもっていたように思われる。というのも、この本で、共産主義者だった父親がユダヤ教の教理と信仰の一切を切り捨てたことに少し批判的な言葉を残しているからである。

また、『時間の矢・時間の環』の謝辞で、グールドは、『詩編』一三七節にある「わたしの舌は上顎にはり付くがよい／もしも、あなたを思わぬときがあるなら／もしも、エルサレムを／わたしの最大の喜びとしないなら」という詩句を引きながら、「今やこれこそがまさに、講義をするためにそこに暮らした男からエルサレムに捧げる賛辞である」と書いている（『詩編』はキリスト教徒にとっても重要だが、ユダヤ教徒にとってはより重要な聖典で、信徒は毎日その一編を朗読する）。これがユダヤ教徒の魂への共感でないとしたら、ほかにどう解釈できるというのだろう。そういう意味では、グールド自身は緩やかなＮＯＭＡを実践していたのかもしれない。

ドーキンスの宣戦布告

二〇〇六年に出版された『神は妄想である』は、もちろんグールドの『千歳の岩』を読んだうえで書かれたものであり、NOMAという考え方への批判もあるが、グールド批判はこの本の主題でも動機でもなかった。

ドーキンスがこの本を書いた動機は明らかで、九・一一の悲劇を目の当たりにした怒りにほかならない。前章でも述べたように、ヨーロッパの宗教戦争は長い歴史をもち、英国でも、その余波がアイルランド紛争という形でいまなおくすぶっている。紛争とはいいながら、これはカトリックとプロテスタントの宗教戦争にほかならない。

グールドが人種差別のまっただなかで暮らしてきたのに対して、ドーキンスの住む英国は宗教対立のテロリズムの頻発に見舞われてきた。ドーキンスの現在の妻ララ・ウォードは、北アイルランド、ダウン州のバンガーという町を本拠とする第七代バンガー子爵の娘（母親は子爵の四番目の妻で、BBCのプロデューサー・脚本家。第八代バンガー子爵は異母兄）である。バンガーは北アイルランド紛争の象徴ともいうべきベルファーストのすぐ近くで、その土地に縁が深く、宗教対立による戦争の悲惨を身にしみて知る女性を、ドーキンスは伴侶としているのである。

さらに、ここ数十年の世界の混乱はほとんど宗教が原因である。旧ユーゴスラビア紛争、印パ紛争、イラク戦争、旧ソ連や中国のイスラム地域におけるゲリラ戦、チベット問題、スリランカの反政府ゲリラ、そして、いまなお銃弾の飛び交うパレスチナ、すべて宗教的な対立がその根底にある。その多くにイスラム教が絡んでいる。

九・一一のテロ事件は、一般市民に与えた衝撃という点では、類例のないものであるが、この現在においても、一年間に宗教的対立のゆえに殺されていく人間の数は、ニューヨークのテロ犠牲者の何十倍、何百倍にも達する。

それよりも恐ろしいのは、戦乱で肉親を失い、戦火の中を逃げ回りながら、何の希望もなく、生きていかなければならない無数の子供たちをつくりだしていることである。彼らの絶望は新たな自爆テロリストとなることによってしか購われない。この負の循環を前にして、ドーキンスは、いまこそ立ち上がるべきときだと宣言する。

科学啓蒙家として、ドーキンスは、星占いやホメオパシーをはじめとする疑似科学の信者を批判し、科学的な思考の重要性を折に触れて強調していた。そうした批判は、彼の啓蒙的著作の随所に見られる。宗教もそうした批判の対象の一つであり、たとえば『悪魔に仕える牧師』に収録されている「ドリーと聖職者の頭」というエッセイでは、生命倫理がらみの問題で、宗教家の発言に特権的な地位が与えられていることに対する憤りが語られている。だが、進化論の普及にとって聖書を厳密に解釈する原理主義的なキリスト教徒は障害であるが、英国では、大きな問題ではなかった。

ダーウィンが『種の起原』を発表した一九世紀の英国は、すでにニュートン力学の洗礼を受けた後であり、自然科学が『聖書』に書かれているのとはちがうところに成立することは認められていた。したがって、物理学とキリスト教は棲み分けができるという合意がひろく成立していたのだが、生物学の領域は最後の聖域として死守されていた。ペイリーの『自然神学』で述べられているように、精妙複雑な生物の体や生物界の秩序は神の意向すなわち設計（デザイン）によってつくられたというのがキリスト教の立場であった。

進化論は人間が神によって創造されたというその聖域を侵すものであるがゆえに、教会からの大きな反発が予想され、ダーウィンがあれほどまでに『種の起原』の発表を逡巡したのもそのためであった。実際に発表したあと、ウィルバーフォース主教とハクスリーの有名な論争（ただし、真相は流布されている説と少し異なっていた）のように確かに教会側の反発はあった。

しかし当時の教会には、カトリックもプロテスタントも、聖書を文字通りに解釈しなければならないと考える神学者は少なく、信仰に反対するのでないかぎり進化論は許容された。批判はむしろ進化論の科学的な根拠の脆弱性、たとえば中間的な化石資料の欠如や、高度に複雑な器官が自然淘汰によって進化できるのかといった側面が中心であった。イギリス国教会は総じて寛容であり、時代精神ともあいまって、信者のなかにもダーウィンを支持するものは数多く、死後ダーウィンはウェストミンスター大聖堂に埋葬されることを許された。少なくともヨーロッパでは、進化論に関して、非常に緩い意味で、NOMAの原則が確立されていたのである。

米国では、先に見たように創造科学（あるいはインテリジェント・デザイン説）を標榜するキリスト教原理主義者の力が強いので、グールドにはそれに対抗しなければならないという必然性があったが、ドーキンスの英国では、そういう運動はほとんど存在しなかった。ただし近年では、米国から輸入されたインテリジェント・デザイン運動がわずかずつ浸透している気配があり、『神は妄想である』の第9章の「ある教育スキャンダル」では、政府から助成金を受けているエマニュエル・カレッジで創造論教育がなされていることが述べられている。

さらにまた、イスラム系住民の増加にともなって、イスラム教原理主義の立場から、進化論教育に対する批判が増大するという懸念もある。しかし、いまのところそれほど大きな影響力をもたないので、ドーキンスが必死になって叩かなければならないような情勢にはない。したがって、『神は妄想である』は、創造論からの進化論擁護を主たる目的に書かれたものではない。

ドーキンスの動機は、ブッシュ大統領（当時）の政策に象徴されるようなキリスト教原理主義、あるいはそれに対抗するイスラム教原理主義、自分の信じる神だけが絶対的に正しいと信じる精神こそが、諸悪の根元であり、その呪縛から人類を解き放たないかぎり、今日の悲惨な報復の連鎖に終止符を打つことができないという危機感であった。とはいえ、諸悪の根源を宗教に帰するというのはいささか乱暴かつ短絡的であることは確かである。多くの穏健な宗教者は宗教を科学に押しつけたりはしないし、異教徒を殲滅せよなどと言うわけではない。ドーキンスはそういう人々を攻撃するわけではない。彼が問題にするのは、「神」の言葉を疑いなく信じる宗教の精神であり、信仰であるから尊重されなければならないという世間の態度である。「神」の言葉を疑わないという精神が原理主義を生むのであり、信者が無条件に信じていることはなんであれ容認するとすれば、自爆テロも容認せざるをえなくなってしまう。いずれにせよ、「神」の言葉を疑わないという精神は、すべてを疑うという科学の精神とは両立しえないものであると、ドーキンスは考える。

どうすれば、宗教のこの呪縛から解き放つことができるか。生物学者ドーキンスにできることは知的啓蒙しかない。神の名において悪魔や異教徒を殺すことを厭わない人々に向かって、そんな神など存在しない、世界を自分の目で見て、自分の理性で判断しなさいと説く。それがこの本の目的であった。

ドーキンスは、有神論的な神、宗教的な意味での神の存在を否定する。哲学的・科学的・聖書解釈的・社会学的・倫理学的、その他あらゆる側面から神の存在のありえなさを論証していき、ついでに科学と宗教の守備範囲はちがうというグールドのＮＯＭＡ説も退ける。科学が踏み込めない聖域など存在しないという。だが、ドーキンスのこうした批判の仕方は、グールドとはちがった意味でジレンマをもたらす。すなわち、進化論を認める穏健な信仰者を敵にまわしてしまい、結果として科学の啓蒙にとってマイナスの効果をもたらしかねないという点である。

『神は妄想である』に関してのインタヴュー記事「ザ・フライングスパゲッティ・モンスター」で、「インテリジェント・デザインの推進者ウィリアム・デムスキーがこの本を、自分たちの運動にとって神がお与えくださった最高の贈り物だと言っているが、それについてどう思うか」という質問に対して、

進化論が公立学校で教えられるべきかどうかという狭い問題にかぎって、あなたが米国で法廷闘争に勝利したいと思えば。私のような人間を証人として召喚し、相手側の弁護士が「ドーキンス教授、あなたがダーウィン主義的進化論の研究を通じて無神論にたどりついたというのは本当ですか」と質問させればいいというのは事実です。私は、はい、と答えざるを得ません。これはもちろん相手の思うつぼです。陪審員は無神論者が悪魔の手先だと教え込まれてきたでしょうから。ダーウィンが無神論につながるのであれば、明らかにダーウィン主義は追放されなければな

らない、ということになるでしょう。これこそデムスキーがねらっていることですね［5］。

そして、ほかの多くの科学者もドーキンスがもうちょっと言い方を抑えてくれないものかと思っている。あなたのやり方は、創造論者への利敵行為ではないかという質問に対して、

私は闘いの本質が超自然主義と自然主義、宗教と科学をめぐるものであり、進化論教育をめぐる闘いは、戦争のなかのただの小競り合い、局地戦にすぎないと考えています。私に口を閉じろという科学者たちの要求は、この局地戦のほうが本質的な闘いで、それに敗けるわけにはいかないということだろうと思う。

グールドがＮＯＭＡという概念を発表したそもそもの政治的な理由ではないかと思いますが、それを私に受け入れよというのはナンセンスです。……彼らは分別ある宗教人、つまり進化論を信じている神学者や司祭、牧師たちを自分の側につけたいと思っているのです。そしてそうした分別ある宗教人を味方につけるには、科学と宗教のあいだに矛盾はないと言わなければならないのです。

私たち科学者はみな、信心深いかどうかにかかわらず進化論を信じています。そこで、主流派

正統的宗教人を味方につける必要があるため、彼らに神への根本的な信仰に関しては譲歩しなければいけないということなのです。しかし私にとっては科学と宗教の闘いが本質的なのです。

このような主旨のことを述べている。ここに、ドーキンスが『神は妄想である』を書いた動機の一つが示されている。すなわち、論理に対する信頼である。科学主義信仰だと言う人がいるかもしれないが、妥協をせずに論理の筋を通すというのが、ドーキンスの一貫した流儀である。たとえ、敵をつくろうが、論理的に正しいことは言わねばならないという青臭いまでの倫理感である。科学が正しいのか宗教が正しいのか決着をつけようという意気込みといってもいい。

先のインタヴューで、「信心深い人々がこの本を開いて、読み終わるまでには無神論者になる」という願望が述べられているが、本当にそう思っているのかと尋ねられて、それは野望だが、そうなると思うほどナイーブではないが、少しでも可能性があれば、そうなってほしいとは思っていると答えている。

『神は妄想である』の本当のねらい

実際にドーキンスの本がねらっていたのは有神論者の転向ではなく、宗教的信者のなかにあって言葉を発することのできない無神論者たちへエールを送るという効果であった。宗教の迷妄から人々を解き放つには、無神論者の声を大きくすることしかない。

けれども、狂信的信仰者のあいだで生活する人々が「私は神を信じない」と発言するのには非常な勇気がいるし、へたをすれば命を落としかねない。ドーキンスの本の主たるターゲットはキリスト教(この本ではイスラム教もユダヤ教も等しく批判されているが)なので、そうはならないだろうが、イスラム教圏でアラーはいないと宣言すれば、ただではすまないだろう。

『悪魔の詩』の著者であるサルマン・ラシュディはイランのイスラム教最高指導者ホメイニ師によって死刑宣告を受け、逃亡生活を余儀なくされている。『悪魔の詩』の日本語版の翻訳者は暗殺された。イスラム教国でありながら民主的な社会体制をもつトルコでは、『神は妄想である』の翻訳者と出版社は神を冒涜した罪で告訴された。幸い裁判所は言論の自由を根拠に無罪としたが、ドーキンスのウェブサイトは公開を禁止された。

米国とて安全ではない。この本でドーキンスがいくつものおぞましい例をあげているように、信仰のために殺人をも厭わないキリスト教原理主義者が少なからずいる。たとえ、暴力的な制裁を受けないとしても、有形無形の圧力がかかるだろう。心の内で「神」に疑問をもちながら無神論を口にできない孤立した人々に勇気を与え、信仰者の説得に抗するための理論武装を与えるというのが、『神は妄想である』に込められた目的である。グールドの『千歳の岩』とはまたちがった意味で、この本もまた政治的なものであった。

二〇〇六年に発売された『神は妄想である』はたちまちベストセラーとなり、二〇一〇年の末までに英語版だけで二〇〇万部を売り上げ（ドイツ語版は二六万部）、三一か国語に翻訳された。Amazon.com には二〇一二年四月時点で一八〇〇を超える書評が寄せられていて、神を信じる立場からの批判ももちろんあるが、多くの読者（九五〇人以上が星五つをつけている）が、この本によって勇気を得たという感想を述べている。ドーキンスのねらいは功を奏したのである。ただ、地域的な宗教には生活の知恵の集大成という側面もあり、単純にすべてを切り捨てることができない。

私も、ドーキンスに劣らぬ無神論者ではあるが、世間に合わせて葬儀で焼香もすれば、お宮参りにもつきあう。現在の正月やクリスマスの慣習から宗教的な色合いはあまり感じられないが、もとをただせば、宗教儀礼である。そういうものは、神を盾にしてなにかをしようというわけでないのだから目くじらをたてることもない。それどころか、芸術作品のなかには、宗教的なインスピレーションによって創作されたものが多くあり、そのことを批判するのは的はずれである。ドーキンス自身もこの本で次のように書いている。英文学における欽定訳聖書の重要性を指摘したあとで、

無神論的な世界観が、聖書およびその他の聖典を教育から切り離すことを正当化する根拠を与えるものではないと十分に納得してもらえるほどには、言葉を尽くしてきたはずだ。そしてもちろん、私たちは、たとえばユダヤ教や英国国教会の信条、あるいはイスラムの文化的・文学的伝統に対して情緒的な忠誠心をもちつづけることができるし、歴史的にそうした伝統とともに歩んできた超自然的な信念を信じることなしに、結婚式や葬式のような宗教的儀礼に参加することさえできる。かけがえのない文化的遺産との絆を失うことなしに、神への信仰を放棄することはできるのだ（邦訳書五〇六頁）。

11章　狙いをはずした撃ち合い

二〇〇二年にグールドは、多くの人に惜しまれながら、世を去った。ドーキンスは、エッセイ集『悪魔に仕える牧師』の第5章に、グールド本の書評をまとめて収録し、弔意を表している。その章題の「トスカナの隊列でさえ」は、『英国史』の著者としても有名なトマス・バビントン・マコーレイの古代ローマの英雄「隻眼のホラティウス・コクレス」の勇壮な死を讃えた詩の一節からとったものであり（"*Lays of Ancient Rome*", Horatius, A Lay Made About the Year Of The City CCCLX.）、その結びは「喝采を控えることがほとんどできなかった」となっている。宿敵の死に最大の賛辞を贈ったのである。

支え合った二人

ドーキンスとグールドは、互いの著書が出るたびに書評にとりあげ、厳しく批判しあってきたために、事情をよく知らない人々は、二人が憎しみあっていて、顔をあわせてもそっぽを向くような関係にあるかのように思うかもしれない。

しかし、そこに収録された書評を読めばわかる通り、批判はあくまでも学問的なレベルのものであり、人格攻撃の類にけっして走ることのない節度あるものであった。たとえば、ドーキンスは、ずっとグールドの『ニワトリの歯』の書評〔1〕で、「生物学的な美文の折り紙付きの達人といえば、ずっと以前からサー・ピーター・メダワーである。それに匹敵するもっと若い生物学者あるいはアメリカ人生物学者がいるとすれば、いずれの場合にもあてはまるのは、おそらくスティーヴン・ジェイ・グールドであろう」と書いている。むしろ二人はまったく異なったアプローチを取りながら、共通の目的に向かっていたのである。

グールドは、ドーキンスの『不可能の山に登る』の書評〔2〕で、「ダーウィン主義的な進化を受け入れることを(明白に敵対していなくとも)ためらっている大衆を啓発し、進化論的な生命観の美しさと力を説明するための、この重要で困難な闘いにおいて、私は、リチャード・ドーキンスと共通の営みに向け手を携えて、協調しあっていると感じている」と書いているし、ドーキンスもグールドについて同じようなことを言っている。

それどころか、私の印象では二人は互いの存在、相手からの反撃を半ば期待して書いていたように思われる。「はじめに」で述べたように、生命現象には、幻惑されるほどの複雑かつ精妙な多様性がある一方で、それを貫く単純明快な普遍原則もある。前者を強調しすぎれば、生命の神秘性や神の意向(デザイン)といった非科学の方向に進んでしまう。後者を強調しすぎれば、機械論的、決定論的な生命観にいきついてしまう。しかし、生命の本当の魅力は両者の微妙な均衡にあり、したがって、多くの論争の結論が凡庸な中間地帯に落ち着くのは避けがたい。二人ともそのことはわかっているが、中庸ははじめから存在するわけではない。極論と極論を戦わせることを通じてのみ、本当の意味での中庸が成立する。

ドーキンスが決定論的な主張をするとき、グールドから非決定論的、偶発性重視の反論がくることを予測しており、それに対する反論を書くことによって、自らの論理をより精緻なものに仕上げていった。

グールドが反漸進論的な主張をするとき、ドーキンスからネオ・ダーウィン主義的な批判がかえってくるのは織り込み済みで、それに対する反論を通じて、さらに精緻な論理を練り上げる。言ってみれば、多少極端なことを言っても、相手が補正してくれることが期待できたのだ。

『社会生物学論争史』の著者である、セーゲルストローレは、二人の論争を「狙いをはずした撃ち合い」と評したが、まことに言い得て妙である。相手の周囲を撃つことによって、彼らに迎合する俗流解釈を退けあっていたのだ。

一人二役

しかし、もはや相手役がいなくなった。極端なことを言い過ぎても、すぐさまとがめてくれる相手がいない。これまでなら、生命の普遍原理だけを強調するだけでよく、多様性の意義のほうはグールドに任せておけた。いまはもうその相手はいない。科学啓蒙家ドーキンスは重大なピンチに陥った。これからは一人二役をしなければならない。その決意表明が、二〇〇四年に出版された『祖先の物語』だった。

献辞は、この年に死んだメイナード・スミスに捧げられているが、内容の点では、グールドに捧げられたものと言っていい。この本は、原始的な生命の誕生から、ヒトを含めて、今日の驚くほど多様な生物進化の歴史を、最新の科学的知見にもとづいて復元したものだが、本の構成が、明らかなグールドへのオマージュになっている。

冒頭の「思い上がりの歴史観」で述べられているように、過去から現在に至るふつうの歴史叙述をすれば、グールドが批判するような、すべては人類の誕生のために用意されてきたという人間中心主義的な解釈を生む。また、きれいな進化の物語を書くことによって、すべての歴史が必然の出来事の連鎖として起こったような錯覚を与える。それはグールドがあれほどまでに強調した歴史における偶発性を無視することになる。そこで、ドーキンスが採用したのは、現在から過去に向かって祖先をたどっていくという方法である。過去から現在に向かうプロセスには、偶発性が介在する余地があったが、現在から過去にさかのぼるのは、すでに起こってしまったことだから、結果論として、偶然を排除することができる。

グールドを意識しているもう一つの点は、この本全体が、生物の多様性に大きく光を当てていることである。これまでは、生物に共通する普遍的原理の追究こそがドーキンスの役目だったが、この本では、過去にさかのぼり、あらたな共通祖先のグループに出会うたびに、驚くべき物語が開陳されるという趣向になっている。それはまるで、かつてのグールドの役目を引き受けているかのようである。

ダウグ・ブラウンによるインタヴュー〔3〕で、『祖先の物語』で一番知ってもらいたいと思うことは何かという問いに対して、ドーキンスは、

まず、驚きの念を抱いてほしい。それからヒトはどこからやってきたのか、ヒトから生命の起原に直接つながる細菌までどんなにはるかな祖先の系譜があったのかに思いをはせてほしい。そこから、ほかのすべての生き物にも枝分かれしていったのです。書き方も気に入ってもらえたら

と思います。おもしろく、読みやすくなるよう努力しました。一気呵成に読めるようなものにしたかったんですが、こんなに大部な本なので容易じゃありません。物語という形式にすればかなり簡単じゃないかと思いました。個々の物語は、グールドのエッセイにちょっと似た、さまざまなエッセイの集成とみることもできます。ちがうのは、それぞれのエッセイが一本の糸でつながれていて、その糸が現在から過去に向かって時間をさかのぼるという点だけです。

このようにインタビューに答えている。この本がグールドを念頭において書かれたことをうかがわせるもう一つの根拠は、最終章「主人の帰還」において、グールドが正統派進化論への異議申し立てないし批判として提起した問題点にきちんと答えようとしていることである。

まず、進化のテープを巻き戻すことができたとしたら、そのたびにまったく異なった進化が起こるはずだというグールドの意見が検討されている。グールドによれば、進化における偶発性はきわめて大きいから、二度目の進化をやり直したとき、わずかでも人間に似たものが出てくる確率はないに等しいほど小さいだろうと言う。これに対してドーキンスは、答えはどこから巻き戻すかによって異なるだろうと言う。

もし、生命の起原にまでさかのぼって、テープを巻きなおすとすれば、おそらくまったく異なった進化が生じる可能性はある。しかし、多細胞生物が出現して以降なら、かなりの確率で現在と同じような進化が繰り返されるだろうと言う。なぜなら、相同と呼ばれるよく似た機能をもつ器官を生じる収斂進化がさまざまな生物群で見られるからである。もっとも有名なのはオーストラリア大陸における有袋類の適応放散であるが、水中生活に適応した流線型の体形をもつ動物や、地中生活に適応したモグラ型の動物は、系統的な分岐によってではなく、異なる動物群で、独立に何度も進化している。

ドーキンスお気に入りの例で言えば、眼の進化は、動物界を通じて四〇〜六〇回、独立に進化してきたと推定されている（ただし、きわめて興味深いことに、眼の個体発生を支配する遺伝子は、すべての場合に共通性があり、現象として独立していても、使われる遺伝子は一つの共通起原をもっているらしい）。

一般に、進化が現在に近づくほど、体制上の制約が大きくなるので、偶然が介在できる余地が小さくなる。したがって、テープ巻き戻しゲームにおいて再現性は高まるのである。この議論の最後に、きわめて大きな偶然性に支えられているために、二度と起こらないかもしれない進化の例をいくつかあげている。それは、テッポウウオ、アリジゴク（ウスバカゲロウの幼虫）、ミズグモ、ウシアブの幼虫の生活史などである。人間の言語も、再現性のない一回限りの出来事であったかもしれないと述べている。

ついでドーキンスは、進化と進歩の関係について論じる。グールドは進化を進歩と同一視する風潮にきわめて批判的で、そういう考え方が社会進化論の温床になっていると考える。自然淘汰の理論は、与えられた環境条件にもっとも適した表現型をもつ個体（ひいては遺伝子）が生き残っていくのを進化だとする。したがって、進化が一般的に進歩であるという保証はない。たとえば、洞窟や地中生活に適応した動物は、一般に視力を失い、眼そのものを失ってしまうことがある。これは進化の一つではあるが、視覚器官の発達という点では、明らかな後退であり、進歩ではない。

生物進化の過程をふりかえってみると、最初は単細胞生物からはじまり、しだいに複雑な体制をもつものが出現し、哺乳類からやがて最後に、人類という心身ともに非常に複雑なシステムをもつ動物が出現する。競争力に劣る種が勝る種によってつぎつぎと滅ぼされることによって、下等な生物から高等な生物への「進歩的な」進化があるように思える。しかし、それは誤りだとグールドは言う。

進化は与えられた環境への最適な適応を意味するだけであって、そこに「進歩的」という価値観はともなっていない。その証拠に、いまでも数のうえでも種数でも、もっとも繁栄している生物は細菌類である。その他の「下等な」分類群の生物もいたるところに生き残っている。彼らは

「高等な」生物によって滅ぼされたわけではけっしてない。それぞれ自分が生きていくのに適した場所を見つけて生き延びているのである。自然淘汰による進化が下等から高等に向かって進歩的な進化をもたらすということは論理的には言えないのだ。にもかかわらず、一般的には生物進化の物語が人類誕生の物語のごとくみなされている。

それについては、ダーウィンにも責任があるとグールドは言う。というのも、『種の起原』の最終章には、「自然淘汰は、生物の利益を通じてのみ、しかも利益のためにのみはたらく、したがって、すべての身体的および心的資質は、完成に向かって進歩していくだろう」と書かれているからである。グールドによれば、これはヴィクトリア朝時代の英国の進歩史観へのダーウィンの迎合ないしは妥協であろうという。そうであれば、進化がなぜ進歩に向かう傾向をもつのかを、ダーウィンは説明する必要がある。

ダーウィンは、生物相互の生存競争と環境に対する闘いを区別することによって解決を図っている。つまり、環境との闘いにおいては、環境の変化(たとえば温度や湿度の変化)に方向性がないかぎり、進歩という傾向《トレンド》は生じない。ところが、種間の生存競争では、よりすぐれた能力、たとえばより速く走れる、より強力な武器ないし防具をもつ、より頭がよいといった能力をもつ種がそうした能力をもたない種を押しのけて繁栄する。したがってより適応的、より進歩的な体制をもつものが自然淘汰によって生き残ることになるというわけである。

しかしグールドはそれだけでは、進歩的な進化は保証されないという。それが成り立つためには、自然がつねに、競争に敗れた種が生き残れないような飽和状態になければならない。

実際にダーウィンは自然をそのようなものであるとみなしていて、「自然は、一万本の鋭い楔に覆われた表面に喩えられるかもしれない」と述べ、新しい種が棲み場所を見つけるためには、二本の楔のあいだの隙間を見つけて自分を打ち込んで、それまで打ち込まれていた一本の楔をはじき出すしかないと考えていた。

それに対してグールドは、自然がつねに満杯状態にあるなどというのは、ありえない仮定だと批判する。大量絶滅のあとは既存の生物の大部分が姿を消したのであるから、生物がひしめきあっているというようなはずがないからだ。生物進化に進歩的な傾向《トレンド》があるように見えるのは錯覚であり、生物界というシステム全体が時間の経過とともに複雑性を増大させているだけのことである。そこから一つの傾向を形成するような事例だけを恣意的に抜き出したときに、進歩が現れるだけのことで、進歩的な進化など存在しないというのが、『フルハウス』全編を通じてのグールドの主張だった。

ドーキンスは、この問題を「価値に無関係な進歩」と「価値を背負った進歩」を区別することによって論じている。前者は体がしだいに大きくなるとか、色が黒くなるとかいった傾向で、化石動物に見られる定向的な変化もほとんどの場合は、グールドが言うように、生物界全体が複雑化し、多様性の幅を拡大していくことに付随する現象でしかない。そこに目的に向かっての性能の進歩を見るのは人間の恣意的な錯覚である。その変化がなんらかの価値をもつものであることは保証されていないので、これをドーキンスは、価値に無関係という意味で価値中立的な進歩と呼ぶ。

それに対して、ライト兄弟のライトフライヤーから始まって、動力機、戦闘機、ジェット機、超音速機にいたる飛行機の発展は、飛行距離および速度の増大という価値を背負った進歩であり、これを価値負荷的な進歩と呼ぶ。

ここで、ドーキンスが注意を喚起しているのは、「価値」が万人にとってプラスになるとはかぎらないことである。たとえば、投石から槍、弓、火縄銃、大砲、マスケット銃、ライフル、機関銃、原爆、水爆という兵器の発達は、殺傷能力の増大という価値を担った進歩であるが、これは人類の安寧という点ではマイナスの価値をもつということができる。進化の過程では、プラス価値からマイナス価値へと変わることもある。適応は与えられた環境条件に対していうことなので、寒地への適応が温暖化によって、マイナスの価値に転じてしまうことも十分に考えられる。

また、「過ぎたるは及ばざるがごとし」という諺にあるように、行き過ぎた適応はかえってマイナスの価値をもつことがありうる。歴史上の例をとれば、剣歯虎やマンモスの牙もよく知られた例であるが、かしましい論争の的となったのはオオツノシカ（別名アイルランドヘラジカ）である（グールドは『ダーウィン以来』の第9章で、このシカをめぐる進化論上の論争について解説している）。このシカは二〇〇万年前からユーラシア大陸北部に広く分布したが、一万二〇〇〇年ほど前に絶滅した。肩高二メートル、体長三メートルを超える巨体の持ち主だったが、注目すべきはその巨大な角で、両端の距離が三・六メートルに達するものもあった。

絶滅の原因をこの大きくなりすぎた角に求める点では意見の相違はあまりなかったが、なぜ大きくなりすぎたかについては激しい論争があった。定向進化論者は、これこそ自然淘汰説の反証であり、進化の傾向《トレンド》は適応とは無関係で、いったんある方向に進化がすすめば、絶滅に至るまで止まらないのだと主張した。

これに対してダーウィン主義者を代表して、ジュリアン・ハクスリーは、相対成長（アロメトリー）という概念をもちだして、角の巨大化は体が大きくなったことの副産物でしかないと反論した。相対成長というのは、体のすべての部分が同じ比率で成長するわけではなく、器官によって成長速度が異なることで、このシカの角の場合、体の大きさのおよそ二・五倍の比率で大きくなる。体の大型化は適応的に有利であるために進化したのであり、それにともなって角が異常に大きくなっただけだと説明したのである。現在では、オオツノジカの角は、通常の自然淘汰によってではなく、性淘汰によって進化したというのが一般的な見方である。

配偶の相手として雌（雄が選ぶ場合もあるが、話を単純にするために、ここでは配偶の選択権は雌にあるものとしておく）に選んでもらうために、雄が派手な色彩や、鳴き声、ディスプレーなどによって、アピールする動物は多いが、角もそうした道具立ての一つである。性淘汰によってそうした形質が進化するメカニズムについては、諸説があるが、オオツノジカの角のような行き過ぎた進化が起こる理由を説明する理論として、ロナルド・フィッシャーが提唱したランナウェイ仮説がある。

雌の交尾権を獲得するうえで有利な形質としては、角や牙のように、雄同士のライヴァル争いで物理的な勝利を得るのに適した武器や、雌の目につきやすい鳴き声や派手な色彩、あるいは父親としての強健さを象徴する体の大きさや毛艶のよさといったものが考えられる。こうした形質は適応的なプラス価値があり、ダーウィンの想定した生物相互の生存競争の一形態として、進歩的な進化が起こりうる。

ところが、雌がこうした形質を好む（遺伝的な）性向が集団内部で一定以上大きくなると、そうした形質は、その適応性とは無関係に、雌に好まれるという理由だけで、しだいにエスカレートしていく。雄シカの角がしだいに大きくなっていったり、サンコウチュウの雄鳥の尾羽がしだいに長くなっていったりしたのは、こうした進化の暴走（ランナウェイ）によるとするのが、ランナウェイ仮説である。この場合、もともとはプラスの価値に向かう進歩的な進化であったものが、ある段階から、マイナスの価値に向かう進化となってしまうことがありえる。過剰に大きな角をもつことは、膨大なエネルギーを必要とし、獲得できる食物でそれを満たすことができなくなったり、機動性を失うことによって、捕食者の餌食になりやすくなったりするといった代償が必要になるからである。

ドーキンスは、一定の価値に向かう「進歩的な」進化が起こる条件として、種間における軍拡競争をあげる。軍拡競争というのは、本来は、国家間あるいは民族間において、敵が軍備を強化したとき、自分たちがそれに負けない軍備を強化し、それに対して相手がさらに軍備を増強し、つぎにはこちらがまた一層強力な武器を開発するといった形で、軍備がエスカレートしていく現象を指す。捕食者と獲物(餌動物)あるいは寄生動物と宿主動物のあいだにも、似たような関係があり、捕食者の走る速度が速くなったり、より鋭利な武器をもつようになるにつれて、獲物のほうも、それから免れるためにより速く走れるようになったり、堅い甲羅や殻で武装するようになる。寄生の場合も同じことで、寄生生物がより巧妙な寄生法を進化するにつれて、宿主のほうは、より効率的な防御法を発達させる。

こういった事例を進化生物学では、生物種間の軍拡競争と呼んでいる。軍拡競争においては、相手側のやり方は時間とともに巧妙化・悪質化していくので、それに対処するという意味で、進化の方向性は進歩的なものとなる。つまり、捕食者も餌動物もしだいに生存能力を高める方向に進化していくのである。こういう場合に、進化は進歩的なものになるとドーキンスは主張する。

しかしながら、本来の軍拡競争と同じく、生物の軍拡競争も、お互いにいくらしのぎをけずっても、敵対的な関係はレベルが上がって厳しくなるだけで解消されるわけではなく、結果論としては互いになにもしないのと変わりがない。もしなにもしないでいられれば、そのエネルギーを子育てに投入することができ、より繁栄することができるはずだ。敵の脅威に対抗しなければ、生き延びていけないから、やむを得ず軍拡競争を強いられているだけなのである。もし脅威が眼前になければ、したくないことなのだ。

ドーキンスとクレブスは、軍拡競争のもつこうした性質から、軍拡競争に投入するコストの比率に関して、当事者間に非対称的な関係があることを明らかにし、それを「命＝御馳走原理」と呼んだ［4］。この名は、ウサギは命がけで逃げなければならないのに対して、キツネは御馳走のためにだけ走るので、ウサギはキツネより速く走れるのだという、イソップ童話からとったものである。失敗したとき、一方は食事にありつけないだけだが、もう一方は命を失ってしまう。失敗のコストが非対称なのである。

コストの非対称がもたらすもっとも劇的な現象はカッコウとそれに托卵される鳥（仮親）の関係に見られる。カッコウは仮親を欺くために、卵の大きさや色、斑紋、ヒナの口の中の色（親鳥の給餌行動の解発因になる）などを似せるだけでなく、卵から孵ったヒナが仮親のヒナを巣の外にはじき出すといった行動さえ進化させている。仮親のほうがこうした策略にまったく対応しないわけではないが、つねに後手に回ってしまう。これは、「命＝御馳走原理」のゆえだと、ドーキンスらは説明する。仮親をだますことに失敗したカッコウは子孫を残すことができないから、生き残っているカッコウはすべて、成功のための遺伝子をもっている。これに対して、仮親のほうはすべてが托卵の被害にあうわけではないので、対抗する方策をもっていなくとも滅びることはない。カッコウと仮親では失敗したときのコストがまるでちがう。この軍拡競争でカッコウがつねに有利な立場にたっていられるのは、そのためなのである。カッコウにおける原理は、寄生生物と宿主生物とのあいだでも、一般的に適用することができる。

かくして、ドーキンスは『祖先の物語』において、グールドが進化に関して提起した二つの大きな問題、「進化における偶発性の役割」と「進化は進歩ではない」に対して、返答のボールを投げ返したのである。しかし、もはや、その球をふたたび投げ返してくれるべき相手は、この世に存在しない。ドーキンスはキャッチボールの相手を失ってしまったのだ。

＊

ドーキンスの最新作『進化の存在証明』（原題 *The Greatest Show on Earth : The Evidence for Evolution*, Free Press, 2009）は、理論ではなく、事実の証拠の重みをもって進化を証明しようとした大著だが、この本にもグールド的な色合いが随所に感じられる。

エピローグ

ドーキンスとグールドの生まれ育ちは確かにちがう。片や、英国貴族の末裔で、エリート高校の寄宿舎で育ったコンピュータ少年。片や、ハンガリー系ユダヤ人移民の紡績工の孫で、ニューヨークの下町の高等学校に通った化石コレクターで、野球好きの少年。知的風土も異なっていた。英国の国教会は宗教的に寛容であるのに対して、米国は福音派原理主義者が圧倒的多数である。英国は進化論誕生の地であり、すぐれた動物行動学者や集団遺伝学者を輩出し、米国はつねに人種差別問題を抱え、古生物学に多くの進化論者を有していた。

ドーキンスはティンバーゲンのもとで動物行動学を学び、グールドはシンプソンの学統を受け継ぐ研究室で古生物学を学んだ。その学風のちがいは、進化論における小さからざる見解の相違をもたらした。どちらも自然淘汰説が進化を説明する唯一の合理的な理論であることを認めているが、その力点の置き方が異なる。ドーキンスが還元主義的、遺伝子決定論的傾向が強いのに対して、グールドは全体論的、非決定論的傾向が強い。

しかし、ここまで本書で述べてきたように、そのちがいは相対的なものであり、ドーキンスはけっして単純な決定論者ではないし、グールドも素朴な全体論者ではない。

ともすれば、両者のちがいに目が奪われがちだが、実のところ、二人のあいだには多くの共通点がある。第一に、どちらもすぐれた科学啓蒙家だ。現代科学は非常に細分化され、それぞれの分野で深く掘り下げられているために、専門の学者でさえ、ちょっと分野がちがえば簡単に理解することができないし、まして、非専門家にはなかなか歯が立たない。

さらに、量子力学や相対論、レベルはちがうが集団遺伝学に用いられる数理統計学のようなものは、数学的な素養がなければ理解できないうえに、人間の直感に反する側面もある。その世界に踏む込むためには、適切な案内役がどうしても必要になる。そこに、専門家によるすぐれた科学啓蒙書が必要とされる理由の一つがある。

また、先端科学に基礎をおく先端技術は、原理が外からはますます見えにくくなっている。昔の真空管ラジオや鉱石ラジオの時代には、中学生程度の理科の知識があれば、内部をのぞけばおよその原理は理解でき、わざわざ電器屋にもっていかずとも、自分で修理できた。

ところが、最新型の携帯電話やパソコンはきわめて高性能で、まるで意志をもつ機械のごとくすばやく応答してくれるが、その内部の仕組みがどうなっているのか、大多数の人間にはわからないし、電器屋でさえ修理ができない。ユーザーは、機器をブラックボックスとして機能だけを利用するのである。分解しても、でてくるのはＩＣ基板だけ、メカニズムを知るという工作少年の喜びはいまや夢物語である。

このような状況は、自ら実験して真理に近づくという科学的精神にとって危うい。原理がわからないがとても有用な代物は、物神化されやすく、耳に心地よい怪しげなトンデモ理論やニセ科学の温床となる。

よくもちだされる科学批判の常套句に、「世の中には科学で説明できないことがある」というのがある。もちろん、科学がすべてを説明できるわけではないし、科学者たちもそんなことを思ってもいない。ただ、科学的に説明できることを科学的に説明しているにすぎない。科学的に説明できることを非科学で説明しようとするのがまちがっているだけなのである。神秘的に見える事柄を科学的に解明するのは、人間から夢や希望を奪う野蛮な行為だという意見は昔からあり、詩人のキーツは、ニュートンの光学が虹のもつ詩的なものすべてを破壊したと非難した。

『虹の解体』においてドーキンスは、この非難に反論する。科学がもたらすのは自然に対する詩的な畏敬の念（センス・オブ・ワンダー）であり、この感覚は詩に勝るとも劣らないものであり、人類の知的発展の動機でもある。そこに、科学的な思考の真の喜びを伝える啓蒙家の役割がある。しかし、すぐれた科学啓蒙家であるためには、その分野の科学知識に通じているだけでなく、読者を引き込み、飽きさせない文学的な能力も必要である。

二人とも端倪すべからざる文学的教養の持ち主で、文章も旨い。ドーキンスは比喩の使い手の名手で、「自己複製子」、「延長された表現型」、「ミーム」といった言葉によって、自らの伝えようとする概念を簡明に表現する。このわかりやすさは、ドーキンスの魅力であるが、これは諸刃の剣でもあり、「利己的な遺伝子」の場合のように、誤った通俗的解釈を生みだすもとになる。それにもまして大きなドーキンスの魅力は、論理の徹底であり、生命現象の混沌のなかから明快な原理を浮かび上がらせる手法は、読者に自然に対する「畏敬の念」をもたせるのにふさわしい。

グールドの魅力は、それまで常識や通説と考えられていた解釈を、綿密な考証によってひっくりかえしてみせる手並みの鮮やかさであり、つぎからつぎへ、驚くような事例をひっぱりだしてくる（通説をひっくりかえすという反逆精神は、ときに行き過ぎて、カンブリア紀に多数の門ができ、やがて減っていったといういささかトンデモ風の逆立ち的進化仮説を提唱するところまでいってしまう）。読者は、マジシャンの前に立つ聴衆のように、次になにがでてくるか固唾をのみ、新しい手品が演じられるたびに、それまで見ていた風景が一変するのを見ることになる。グールドのもちだしてくるのは、自然界に実際に存在する珍しい事例であり、グールドを読むことは、とりもなおさず、自然の多様性を思い知ることでもある。

いずれにせよ、ドーキンスとグールドは、現代生物学の最先端を巧みな語り口で概説してくれるだけでなく、読者の視点を変え、「新たな生命観」を教えてくれるという意味で、真の科学啓蒙家と呼べる。こうした魅力の源泉となっているのは、歴史家としての視点である。

グールドは単なる自然史研究者ではなく、科学史にまつわる歴史の読み直しにおいて、すぐれて独創的な成果をあげている。その方法論を一口でいえば、現代における成功から過去の歴史を評価するいわゆる「ホイッグ史観」批判ということができよう。事実の検証を抜きにしてつくりあげられた通説が、いつのまにか流布して神話化するという事例は生物学史においても無数にある。

たとえば、「マルクスが『資本論』にダーウィンへの献辞をいれたいと言って断られた」といった神話が、いまだに各種の文献で事実のごとく語られている。この神話の生みの親は思想史家アイザイア・バーリンで、一九三九年に執筆したマルクス伝で、サイン入りの『資本論』を送られたことに対するダーウィンの礼状から憶測をたくましくして創作したもの。その説がどのようにして通説となり、その誤りがどのようにして訂正されたか（これ自体はグールド自身の業績ではないが）の経緯について、グールドの最新エッセイ集で詳しく述べられている〔1〕。

グールドは、古書の蔵書家としても知られ、歴史上の人物がもっていた書籍の書き込みなども調べ、堪能な語学力を駆使して、埋もれた歴史の掘り起こし、エッセイ集の、さまざまな箇所で、その成果を見ることができ、それらは科学史的に見ても一級の業績である。こうした歴史観は、進化における適応万能論批判と密接に結びついている。適応という観点からのみ進化を見るのは、ホイッグ史観にほかならないからである。

リベラリズムの擁護

もう一つの大きな共通点は、二人が政治的にはリベラル派であることだ。

共産主義国家の崩壊した現代において、なにをもって政治的な左派ないしリベラル派と呼ぶのか、意見のわかれるところだろう。私の定義は単純で、人間社会における社会的・経済的格差の縮小をプラスの価値とみなす態度の持ち主のことである。

もちろん、プラスとみなす判断に科学的な根拠はなく、絶対王政や貧富の差のある階級社会のほうをプラスの価値があるとみなすことを論理的には否定できない。ただ、人類社会の発展の経過には、明らかに差別の縮小に向かう傾向が見られる。

たとえば選挙権を例にとれば、かつては一部の王侯貴族に限定されていたものが、近代において一般市民のうちの富裕層に拡大され、それがやがて、すべての市民(ただし、奴隷や女性は除く)、そして最後には婦人参政権が認められるという権利拡大の傾向がある。日本でみると、一八九〇年（明治二三年）に施行された普通選挙法では一五円以上の国税を納めた二五歳以上の成人男子にのみ選挙権が与えられていて、有権者は全国民の約一％にすぎなかった。一九〇二年には税額が一〇円以上、一九二〇年には三円以上と、順次引き下げられて、有権者数はそれぞれ二倍増、五倍増となった。税額の制限が撤廃されるのは、やっと一九二八年になってからで、さらに女性を含めて二〇歳以上のすべての成人にまで拡大されるのは、第二次世界大戦後の一九四六年になってからのことである。

こうした変化がアプリオリに善であり、歴史的に起こったことだから正しいという保証はない。哲人政治のほうが衆愚政治よりもすぐれているかもしれない。この民主化のプロセスを是とするのは一つの倫理的な判断にすぎないが、それがリベラル派の立場である。

グールドは、人種差別にとくに強い関心を示しているとはいえ、女性、貧困者、障害者を含めて、すべての差別に反対しており、政治的にはまぎれもないリベラル派である。学生時代には公民権運動で実践的な活動をしているし、一九七〇年代にはアカデミック左翼の集団「人民のための科学」に参加し、ベトナム戦争に際しては、積極的に反戦運動に参加した。

その根源をたどれば、父親が共産主義者であったことに帰着するだろうが、自らの意向でもあり、社会学者ライト・ミルズの『パワー・エリート』（社会生物学が権力の手先だという見方は、この本の影響が大きい)やノーム・チョムスキーの政治的な著作を好んで読んだ。

ドーキンスもまた、あらゆる差別に反対するという点でリベラル派であるが、人種差別よりもむしろ、性差別に強い関心を示し、同性愛者の権利擁護運動を支持する。それだけでなく、動物の権利にまで手を広げ、ジェーン・グドールを中心とする大型類人猿の保護運動に賛同している。このような態度は、すべての動物は共通祖先を介してつながっているのであり、種の区別は人間の恣意によるという進化観にもとづいている。政治的にも左派で、労働党支持であることを公言している。

社会生物学論争のところでも触れたが、英国の自然科学者には左派が多く、とくにケンブリッジ大学とオックスフォード大学の理系は、第二次世界大戦中、左派の「巣窟」であった。ケンブリッジ大学で科学史家ディスナン・バナールが主導した「科学社会運動」というサークルには、ジュリアン・ハクスリー、ジョゼフ・ニーダム、J・B・S・ホールデン、実験生物学者で数理統計学者でもあったランスロット・ホグベンなど錚々たる一流の左翼学者がいた。ルイセンコ論争を契機に多くの学者は共産党と決別するが、リベラルな雰囲気は一貫して継続し、ドーキンスもその末端に位置するわけである。

しかし、ドーキンスの利己的遺伝子説の根幹をなしているのは、個々の遺伝子(およびその担い手としてのヴィークル）は、自らの利害得失にもとづいてのみ振る舞うというゲーム理論的な考え方である。

ゲーム理論は、現在の主流派経済学の用いているもので、ネオ・リベラリズム（新自由主義）の理論的武器になっている。ネオ・リベラリズムは個人の自由だけでなく、経済活動の全面的自由を標榜し、国による経済規制を排し、たとえその結果、経済的な格差は拡大するとしても、すべてを市場にまかせるべきだと主張する。その前提は、個々人はすべて利己的な利益のために行動するものであるが、結果としてアダム・スミスのいう「見えざる手」によってしかるべき均衡に落ち着くはずだというのである。新自由主義の経済理論は、市場原理によって生じる経済格差に対して政府は干渉すべきではないとするのに対して、政治的リベラリズムは格差を縮小するような方策を立てるべきだと考える。

ドーキンスの利己的遺伝子説は、そのタイトルとは裏腹に、利他的な行動の進化を説明することを一つの目的としていた。『利己的な遺伝子』では、最初、血縁淘汰説によって社会性昆虫における利他行動の進化が説明されるが、第10章では互恵的利他主義について述べられている。これは動物が集団で生活することの利点について触れ、個体間の識別と記憶を前提とすれば、互恵的な利他主義が成立することを説明する。

そして増補版で加わった第12章で、「囚人のジレンマ」というゲーム理論を使って、人間社会における利他行動進化の可能性を論じている。くわしくはこの本を参照されたいが、要は、長い生存時間をもつ個体間では、長期的にみれば、裏切りや信頼の記憶によって、個体間で憎しみ合う関係（闘いのためのエネルギーの消費が得られる利得を上回ってしまう）よりも、助け合う関係のほうが進化的な成功を収める可能性が大きく、結果として、友好的な社会が成立するという進化モデルを提示しているのである。社会的格差を縮小するというリベラリズムがけっして観念的な理想論ではなく、現実的な基盤をもちうること示したのである。

実際に、最後通牒ゲームないし独裁者ゲームと呼ばれるもの（一人の人間がある金額を与えられるが、それを受け取れるのは、もう一人の相手にそのうちの何割かを分けるという提案を一回だけし、それが承諾されたときのみである）を用いた近年の社会人類学的調査によれば［2］、民族によって差があり、なかには半分以上を相手に提示する人もいるが、一般に提示額がもとの金額の二五％以下であれば、相手は拒否するという結果がでている。

この調査が示しているのは、人間の社会的本能のうちに格差を忌避する傾向、つまり持てる者はもたざる者に分け与えるのは当然だという道徳観のあることである。その傾向が神経伝達物質オキシトシン受容体を指定しているＤＮＡと相関していることも示されている［3］。

こういった現象は、群れで狩猟採集生活をしていた人類の祖先において、部族の団結を強めるという適応的価値があったのだろう。進化のメカニズムとしては、人類社会の特殊性に鑑みて、群淘汰的なものを想定することができるだろう。

しかしこの一種の利他主義としての助け合い精神には重大な落とし穴がある。なぜなら、狩猟採集部族における団結心は、農耕社会における単純な助け合いによる効率の向上ではなく、対立する部族集団との競合での勝利にかかわってくるからで、集団内における団結と、敵を憎み・排斥する「外人嫌い」が不可分になっているからである。

これまた、シェリフらの古典的な心理学的な研究〔4〕が示すとおり、同胞に対する親切や愛は、「敵」への憎悪と表裏の関係にあり、敵と味方に区別されたとたんに、人間は昨日までの友人に残虐な振る舞いをすることができるのである。「愛国心」はしばしば、敵国を憎む心の表象として用いられるのであり、旧ユーゴスラビアの紛争に見るごとく、愛国心の旗の下に旧知の人びとに対する残虐行為がおこなわれたのである。

人間の心のなかに他者を思いやる心が生得的にあるというのは喜ばしい話だが、自らの帰属集団のメンバーに対してのみ親切で、その他のメンバーには敵意をもってするのであれば、それは形を変えた利己主義にほかならない。普遍的な利他主義というリベラルな目標を達成するためには、帰属集団を国や民族を超えて拡大し、全人類を自らの帰属集団とみなすような考え方が必要になる。

ところが、人間は普遍的な社会で育つわけではなく、個別の地域社会のなかで特有の道徳的・倫理的な慣習をすり込まれて育つので、人種や民族の壁を越えることは、きわめてむずかしい。政治的リベラリズムの究極の目標はほとんど実現不可能と言っていいのかもしれない。そのうえ、それが本当に正しいという科学的な根拠は存在しない。あくまで、それは一つの倫理的判断でしかない。しかし私は、ドーキンスとグールドの同時代人として、彼らのリベラリズムという選択を是とするものである。

長いあとがき——ダーウィン進化論受容をめぐっての考察

本書は、ドーキンスとグールドの論争を軸に、進化論をめぐる現代生物学史の一断面を描こうとしたものである。本職の科学史家ではない一介の翻訳家にすぎない私がこの本を書くについては、きわめて個人的な動機があった。

駆け出しの編集者時代に、ローレンツ、ティンバーゲン、アイブル＝アイブスフェルトなどの最盛期の動物行動学（エソロジー）の著作の翻訳出版にかかわった。その後、長らく編集者と翻訳者という二足のわらじを履いてきたのだが、やがて故日高敏隆先生の知遇を得て、『利己的な遺伝子・増補版』の翻訳陣の一員に加えてもらったのが縁となり、いつのまにかドーキンス専門の翻訳者のようなことになってしまった。

編集者から翻訳者への私の遍歴は、奇しくも、動物行動学から進化生態学への歴史的な移り変わりの時期と一致していたことになる。個人的な動機とは、この間になにが起こっていたかを私なりに総括しておきたいという願望である。

その渦中にあったときには、めまぐるしい学問の展開に目を見張るだけで、なにが起こっているのか正確には理解できていなかった。しかし、ドーキンスその他の科学啓蒙書を何冊も翻訳し、周辺の事柄について勉強し、知識が膨らんでいくうちに、その意義を私なりに整理することができるようになった。

そうなってみると、進化生態学の隆盛にともなって、今日ではローレンツらの仕事が、あまりにも過小評価されすぎているのではないかという疑念が募ってきた。別の言い方をすれば、進化生態学の発展に果たした動物行動学や個体群生態学などの役割が軽視されているというか、連続性が忘れさられすぎているのではないかという思いである。

「種にとっての利益（幸福）」という考えに固執したローレンツの理論は、遺伝子レベルでの淘汰を前提とする進化生態学の立場からすれば受け入れがたいかもしれない。また、家畜としてのイヌの原種や、攻撃性について、今日からすれば誤ったことも述べている。しかし、研究史においてローレンツらが果たした役割を無視して、「過去の人」として片づけるのは違うと思う。

本文にも示したように、ローレンツやティンバーゲンらは、行動もまた進化によって形成されたものであるというダーウィンの指摘を発展させ、行動を生物学の対象とした近代的な学問分野をつくりあげたのである。単なる行動観察から、行動の意味、メカニズム、個体発生、進化などを解明するエソロジーという学問への昇華であった。

エソロジーは、生得的解発機構というメカニズムと、行動の「比較」という方法論を世に知らしめた。そして、エソロジーの登場が世界中の研究者にさまざまな動物の行動研究へと駆り立てたのであり、その成果のうえに、E・O・ウィルソンの『社会生物学』は打ち立てられたのである。なによりもドーキンスその人がティンバーゲン学派の嫡統なのである。

余談ながら、動物社会学を標榜する今西錦司の生物観が日本における進化生態学受容の足枷となったのは確かであるが、今西を祖とする学派が野外における行動研究に、餌付け（これについては近年、自然保護的観点から厳しい批判もあるが）や個体識別という手法を確立することによって野生動物の生態研究に大きな前進をもたらしたことは、正当な評価を受けてしかるべきだろう。実際に、霊長類学において、この学派は大きな成果をあげてきた。

また、ウィルソンの『社会生物学』で日本人としてもっとも数多くの論文が引用されている研究者であり、おそらくもっとも早く血縁淘汰説を日本に紹介した坂上昭一博士が、今西錦司の影響を強く受けていたことを考えると、学問的な影響関係は単純でないことがわかるだろう。

*

ドーキンスとグールドの論争を中心にした本書では、私がドーキンスにかかわりすぎているということもあり、グールドのファンから見れば納得がいかないと感じられるところが多々あるにちがいない。私自身も、グールドの魅力を十分には伝えきれていないことを危惧している。

ただ、ここでの議論に関してどうしても述べておかなければならないグールドの美点は、「エピローグ」でも述べたが、科学史家としての透徹した視点である。あらゆる著作を通じて、グールドが断固として排するのは、歴史的な出来事を現在の成功を物差しとして評価すること、つまりホイッグ史観である。

グールドは古生物学者であるとともに、科学史家であり、その歴史家としての姿勢が彼の考え方の基本にある。著作のいろんなところでホイッグ史観を批判しているが、もっともはっきりと書いているのは、『時間の矢・時間の環』の第1章で、ハーバート・バターフィールドの『ホイッグ主義的歴史解釈』の一節を引用しながら、歴史を進歩の物語と考え、歴史的事件を文脈から切り離して、現在と比較することによる歴史の捏造を厳しく糾弾している。

『個体発生と系統発生』の第2章でも、「後の世に登場する見解の萌芽と先触れを求めて過去に押し入るかのごとき科学史へのアプローチを、私は拒絶する。そのような遠近法は、科学は蓄積によって絶対的真理へと前進するという、すでに放棄された信仰の枠内でしか意味をなさないものである」と述べている。

グールドの言う通り、科学の歴史において、古い頑迷な迷信が、新しい考えをもつ革新的な観察者の登場によって駆逐されるという図式は往々にして誤りであることが判明する。現在から見てどんなに古めかしく思えても、その時点では斬新な思想であることもあれば、学問の自律性が研究者の思惑を裏切ることもよくあるのだ。

科学革命の先導者であったアイザック・ニュートンは敬虔なキリスト教徒でありつづけたが、結果として、彼の築いた数学や物理学の体系は神を否定する近代科学への道を切り開いてしまったのであり、また彼が錬金術を信じていたこともよく知られている。

生物学分野で例にあげれば、血液循環説によって医学・生物学の歴史に画期をもたらしたウィリアム・ハーヴィは、人間の精神の座が心臓にあるというアリストテレスの考えを実証するために、血液循環の研究に取り組んだのだが、それが結果として、心臓は単なるポンプの役割しか果たしていないことを証明することにつながり、機械論的な生命観の誕生を導くことになった。

グールドの反ホイッグ主義は、その進化観にも色濃く影を落としていて、彼の適応万能論批判もその一環であり、進化が必然的な進歩の歴史であったという見方を強く批判するのは、まさにそれゆえなのである。進化における偶然の重視や、外適応という概念、系統発生におけるネオテニーの重視、そして断続平衡説といったものはすべて、直線的な前進主義を含意する決定論批判という文脈で理解すべきものである。

ダーウィン進化論の受容

本書が扱ったのは現代進化論の一断面にすぎないが、進化論受容の全体的な歴史を語ろうと思えば、やはりダーウィンにまでさかのぼらなければならない。本書の主旨を逸脱するが、そのあたりの事情について、若干の補足をしておきたい。

私見では、ダーウィン進化論の主たる業績は三つある。一つは言うまでもなく、さまざまな証拠の提示によって、進化が事実であることを世に知らしめたこと。二つ目は、進化のメカニズムとしての自然淘汰の提唱である。そして三つ目は、人間を含めた自然を神の手から解放し、科学の対象としたことである。

第一の点は、ダーウィンの時代的背景のなかで、比較的速やかに受け入れられた。時は大英帝国が栄光の絶頂期にあったヴィクトリア朝時代であり、鉄道網の敷設など、社会の産業技術的な発展は誰の目にも明らかであり、「進歩」という気運は世に横溢していた。進化はもっぱら「進歩」と同一視されることによって広く受け入れられたのである。

どんな思想もそうであるが、生物が進化するという考えはダーウィンが突然に思いついたわけでなく、祖父エラズマス・ダーウィンやラマルクといった先行者が存在した。博物学的な知見の蓄積によって、種が進化しているらしいことは当時の多くの博物学者が薄々感づいていたのである。

しかし、それが自然のダイナミックな相互作用にもとづくものだという見方は、たぶんダーウィンが最初だった。この当時に支配的であった自然神学においては、あらゆる生物はそれぞれの役割を果たすべく、神によって創造されたものであり、種は不変であり、下等なものから高等な生物に至る自然の階梯、すなわち存在の連鎖があると考えられていた。

進化論の先駆者ラマルクにしても、獲得形質の遺伝ばかりを主張したわけではなく、むしろ進化に向かう傾向があらかじめ存在すると考え、そのメカニズムとして生物に内在する力を想定していた。

ダーウィンが『種の起原』でなそうとしたのは、そうではなく、自然の相互作用の結果として種は変わり、進化してきたことの立証だった。選抜育種による家畜や作物の品種作出、近縁種の類似性、化石に見られる変遷、生物相の地理的な変異などの証拠によって、あらゆる生物が時代とともに変化してきたことを人びとに納得させた。

しばしば見過ごされてきたのは、こうした種の変化を、ダーウィンは「進化（evolution）」と呼ばず、「変化を伴う由来（descent with modification、これが定訳だが意味の上からは「変化を伴う継承」くらいのほうがわかりやすいだろう）」と呼んでいたことである。これを「進化」という言葉に置き換えたのは、ハーバード・スペンサーらしい（初出は一八五二年の『発生の仮説』とされる）。

evolution はもともと個体発生という意味で使われていたのを転用したもので、そこには予定された運命がしだいに展開されていくというニュアンスが含まれ、したがって進歩主義的かつ前成説的な色合いの濃い言葉である（ただしスペンサーは、進化における外的要因の作用も認めていた）。ダーウィンがスペンサーと決定的に異なるのは、進化が必ずしも進歩であると考えてはいなかった点である。

進化が事実であるというダーウィンの主張ともっとも対立するのは、すべての種は神によって設計（デザイン）されたものとするキリスト教神学だった。それは種の不変性や人間の（他の生物からの）超越性を前提とするゆえに進化論は認めがたいものであり、教会陣営からの強い反対が存在した。

また一流の博物学者のなかにも、ルイ・アガシーのように敬虔なキリスト教徒であるがゆえに、進化論を拒絶する者は少なくなかった。このような信仰にもとづく反進化論の立場は、現在のインテリジェント・デザイン運動にまで脈々とつながっている。

＊

二つ目の、進化のメカニズムとしての自然淘汰の提唱こそ、『種の起原』の眼目であった。よく知られているように、自然淘汰の原理は、（1）自然の生物の繁殖力は環境収容能力を上回るので、生まれた子の一部しか生き残ることができない。（2）個体間に変異があり生き残りに有利な性質をもつものとそうでないものがいる。（3）そうした性質の一部は親から子に遺伝する。したがって、そこに生存闘争（＝生存競争）が生じ、世代を経るにつれて環境により適したものとそうでないものが淘汰（ふるい分け）され、結果として種の分岐が起こるというものだった。

ここで、ダーウィンは生存闘争を広い意味で用いており、「生物どうしの関係や個体の生存だけでなく、子孫の存続まで含んでいる。……二頭の飢えた肉食獣は獲物を得るために文字通り戦うという言い方もあるが、砂漠の縁に生える植物については、……乾燥を相手に生存闘争をしているという言い方も許される」（第3章）と言っている。これは明らかに食う者と食われる者という種間の関係よりも同種の個体間の生き残り競争を指す概念として用いられている。

この原理は、ダニエル・デネットが『ダーウィンの危険な思想』で看破したように、変異をもつあらゆる繁殖集団の進化を説明できる万能のアルゴリズムだった。しかし、自然淘汰には進化から目的論を排除し、進化を偶然のなせる業とするという一面があり、そのことが多くの人びとに受け入れるのをためらわせてきた。

科学史家ピーター・ボウラーが『ダーウィン革命の神話』や『進化思想の歴史』等の著作で明らかにしているように、この革命的な原理は、盟友ジョセフ・フッカーや共同発見者であるアルフレッド・ラッセル・ウォレスなどごく少数の例外を除いて、当時の生物学者からほとんど正当な評価を受けることがなかった。

ダーウィンのブルドッグと呼ばれたトマス・ハクスリーの進化論への共感はもっぱら化石記録に見られる経年的変化を説明する原理としてであった。ハクスリーはダーウィンの漸進論的な進化論よりも跳躍進化に親近感をもち、自然淘汰説にはほとんど関心を示さなかった。アメリカでは進化論は主として古生物学者に受け入れられたが、彼らの多くは手持ちの証拠から飛躍的で、定向的な進化を支持した。

進化論の普及にもっとも貢献した生物学者であるエルンスト・ヘッケルもまた自然淘汰に重きを置かず、個体発生と系統発生の形態上の類似性を説明する原理として進化論を評価しただけだった。ヘッケルにしてもハクスリーにしても、進化が方向性や目的をもつものと考えていたのであり、一九世紀末に欧米の学界で受け入れられていた進化論は、ダーウィンの意図に反して、強くラマルク的な色彩を残したものであった。

ロシアにおける進化論の受容にもまた特異な変奏が見られた。ダニエル・トーデスの『ロシアの博物学者たち』でくわしく論じられているように、一九世紀ロシアの生物学者たちの多くは、進化論を受け入れはしたが、自然淘汰を受け入れなかった。というよりはむしろ積極的に反対した。ダーウィンがマルサスの『人口論』から着想を得た「収容能力を超えた過剰な個体数の増大」という前提が、厳しいロシアの自然では成り立たないように思えたからであった。クロポトキンをはじめとする博物学者たちは、ロシアで生物が生き延びるためには、生存闘争ではなく、むしろ種内のみならず、種間まで含めた相互扶助が不可欠なのだと主張した。

進化論が世界に広まるにつれて、大きな役割を果たしたのは社会学者のハーバート・スペンサーの社会進化論、すなわち人間社会の「進歩」発展を生物進化の比喩とみなすものであった。スペンサーは西洋文明の勝利を生物進化の必然として描き、ひいては西洋の帝国主義的な植民地支配を正当化する理論として進化論を推奨したのだった。種内の競争に重点を置いたダーウィンの生存闘争を異種間、異人種間の競争に歪曲し、人類が他の動物との生存闘争に勝利し、西洋人が他の未開民族との生存闘争に勝利するのは科学的に証明された事実であり、社会進化の歴史的必然だと主張した。そのためにスペンサーは、より適したものが生き残るという意味で、適者生存（survival of the fittest）という言葉をつくった。当然のことながら、社会進化論はやがて人種差別や優生学を正当化する論拠としてもちだされることになる。

日本でスペンサーを紹介した加藤弘之が、この適者生存を「弱肉強食」、生存闘争を「優勝劣敗」と訳したことで、さらに誤ったダーウィン理解を広めることになる。現在でも、「弱肉強食の進化論」といった批判がしばしば見られるのは、社会進化論が残した大きな罪であり、ダーウィンその人とは無縁の言いがかりである。

＊

ダーウィンの三つ目の功績は、人間を含めた自然を「神による創造」という観念から解放し、科学の対象としたことである。「神による創造」の否定は、神から与えられた生きる意味や目的を否定し、超越的な存在を必要としないことにつながるので、哲学的にはニーチェのようなニヒリズム、あるいはより広くは唯物論の台頭を招くことになるが、哲学は私の専門外のことなので、ここで論じることはせず、より実践的な科学の問題のみを扱うことにする。

ダーウィンは『種の起原』では世間の反発を慮ってあえて人類進化に触れず、「人類の起原と歴史にも光が投げかけられるであろう」としか書かなかったが、一八六三年にトマス・ハクスリーが『自然における人間の位置』を書き、ダーウィン自らも七一年に性淘汰をもう一つの主題にした『人間の由来』を書き、人類の進化について本格的に論じた。これらが形質人類学や古人類学の出発点となり、多数の化石人類の発見をもたらすとともに、現代では、類人猿からの進化の道筋を解明するための霊長類学へとつながっていく。

ダーウィンの人類進化論は形態の進化にとどまるものではなく、行動や精神までをも射程にいれるものだった。『種の起原』の第7章「本能」で、本能は遺伝的なものであり、行動が形態と同じく自然淘汰によって進化すると述べ、七二年の『人間および動物の表情』では、人間と動物の表情の比較研究を通じて、人間の精神の進化に迫ろうとした。これが動物行動学および動物心理学の先駆となり、二〇世紀のエソロジーの成立をもたらし、また、フロイト流の深層心理学に深甚な影響を与えたのである。

進化を自然のダイナミックな相互関係の結果と考えるダーウィンの立場は必然的に生態学的な思考をもたらす。『種の起原』の第3章では、生存闘争（競争）、棲み分け、食物連鎖、生態的地位（ニッチ）、第4章では、性淘汰や花バチと顕花植物の共進化や地理的隔離といった今日の生態学の基本的な概念が明確に、ないしは萌芽的な形で述べられている。

さらに最後の著作『ミミズの活動による腐植土の形成およびミミズの習性の観察』（一八八一年）は、ミミズと周囲の環境との相互作用を周到な観察と実験によって解き明かしたみごとな生態学書であった。

のちに生態学（独語 Ökologie、英語の ecology）という言葉をつくったのは前記のヘッケルだが、彼は「生物とその生物的および無生物的環境との関係、とくに生物の接触する仲間または敵となる生物との関係を研究する学問」と定義し、またしてもダーウィンの豊かな生態学的イメージを矮小化して、生理学的な個生態学の枠組みに押し込めてしまった。

ダーウィンの本来の志を受け継いだ生態学は、ようやく一九三〇年代以降に、シェルフォード、クレメンツ、タンズリー、エルトンなどの登場によって花開くことになる。

さらに、ダーウィンの進化論は二つの点で、生物学に大きな影響を与えた。一つは系統進化を念頭におくことによって、あらゆる生物学の研究分野に「比較」という視点が導入され、比較形態学や比較発生学の興隆をもたらしたことである。しかし、これからの学問分野は、比較から先に発展させる方法論を欠いたために、しだいにその座を実験生物学に譲ることになった。

もう一つの影響は、まさにその実験生物学を促進したことだった。進化論は生物を生気論から解放し、機械論的な扱いを可能にするものであるがゆえに、生物を科学的な実験によって研究する道を切り開いた。

そのことを裏づける一つの証言として、機械論的な生物学の代表である生理学の大御所J・ロエブは、一九〇九年に、ダーウィン生誕百年、『種の起原』刊行五〇年記念講演において、「ダーウィンの大胆な意見が、実験生物学者の勇気を鼓舞し、動物の生命現象をコントロールし、人為的に操作する道を開いたことが、たぶんダーウィンの科学における最大の功績であろう」と述べている。

遺伝学の誕生と現代的総合

ダーウィンの最大の弱みは、遺伝のメカニズムがまったくわかっていないことだった。『種の起原』の初版に「遺伝を支配する法則はまったくわかっていない」と書かれているが、最終第六版(一八七二年)でも「まったく」を「ほとんど」に変えただけだった。

遺伝の理論としては、『家畜・栽培植物の変異』（一八六八年）においてパンゲン説を唱えている。これは動植物の体の各部の細胞にはジェミュールという自己増殖性の粒子が含まれ、この粒子が生殖細胞に集まって子孫に伝えられ、成長につれて体の各部へ分散し、親の特徴を伝えるという仮説で、獲得形質の遺伝を容認するものだった。残念ながらこの説は、メンデル遺伝学の確立によって否定されてしまうことになる。

メンデルの有名な論文『植物雑種の実験』は一八六六年に発表されたのだが、よく知られているように、これがメンデル遺伝学として再発見されるのは、その三〇年後のことだったから、ダーウィンの存命中にはほとんど誰にも知られていなかった。

メンデル自身は『種の起原』のドイツ語版を相当深く読みこみ、研究上の刺激を受けていた（ドーキンスは、『進化の存在証明』で、メンデルのいた修道院の図書室で、書き込みのある蔵書を実際に手にしたことを注記している）から、先に述べたロエブと同じ意味で、進化論に触発された側面があったのかもしれない。

メンデルの成果をダーウィンが知る機会はありえたのだが、ダーウィンがドイツ語に堪能でなかったなどの事情で、結局その内容を知ることはなかった。

ダーウィンの残した「遺伝」という宿題に取り組んだのが、彼の従弟で、優生学の生みの親フランシス・ゴルトンだった。ゴルトンは、遺伝のメカニズムを直接に論じるのではなく、集団内の変異がどのように伝達されていくかを調べることによって、間接的に遺伝のメカニズムを探ろうとした。つまり祖先の形質が子孫の形質にどれだけ貢献しているかを調べるもので、その方法論として生物統計学を構築することになる。

ダーウィンは地質学における天変地異説（激変説）に反対したライエルの斉一説の影響を強く受けていたので、進化は飛躍的ではなく連続的な変異に淘汰が働くことによって漸進的に進行すると考えていた。

ゴルトン自身は漸進論的な進化を否定し、跳躍的な変異の出現が進化をもたらすと考えていたが、生物統計学派と総称される弟子のカール・ピアソンやウォルター・ウェルドンらは、自然淘汰を集団のなかでの連続的な形質分布の変化ととらえ、二〇世紀初頭におけるダーウィン支持派の拠点となった。

メンデル遺伝学は、「優劣の法則」、「分離の法則」、「独立の法則」という三法則からなっている。現時点での知見と照らし合わせれば、それぞれに例外が見つかっていて、厳密には成立しないのだが、基本的な正しさは変わらない。

同時代の先行者たちと本質的に異なるのは、メンデルは、遺伝の原因が生気論的なものではなく、物質的な基盤を持つ（メンデルは遺伝子という言葉は使わず、遺伝物質をエレメントと呼んだ）ことを明らかにし、そのメカニズムが実験的に解析可能であることを示したという点だった。それは同時に、進化を個体発生のアナロジーとしてとらえていたヘッケルに代表されるような進化論、獲得形質の遺伝を根底から否定するものでもあった（この点では、生殖質の独立性と連続性を重視し、生存闘争のみで進化を説明するいわゆるネオ・ダーウィン主義の生みの親アウグスト・ワイスマンの名にも触れておくべきだろう）。

メンデル遺伝学を進化論に適用した代表選手は遺伝学者のウィリアム・ベートソンとトマス・H・モーガンで、自然淘汰はメンデル遺伝学が扱うような不連続な形質（花の色が赤か白か、豆が丸か皺かといった）に働くのであり、進化が起こるためには不連続な新しい形質の出現が必要だとし、跳躍進化論を支持し、その不連続な新しい形質の候補として、ド・フリースの突然変異をもちだした。

この生物統計学派とメンデル学派の論争は最初のうちメンデル学派が圧倒的優勢で、二〇世紀初頭のダーウィン主義はきわめて不人気だった。しかし、やがて、集団遺伝学の発展によって、多数の独立した遺伝因子が形質を決めていれば、見かけ上連続的な変異があっても矛盾しないことに両者が気づくようになり、本文でも述べた一九三〇年代以降の現代的総合によって、ダーウィン主義が彼の意図したものとして復権したのである。

ダーウィン進化論の大きな枠組みのなかで、ときに論争の的になるのが、新しい変異の出現メカニズムである。新しい変異形質は本質的には遺伝子の変異によって生じる。エピジェネティック（後成的）な変異もありうるが、生殖細胞の遺伝子にフィードバックされない限り、進化の議論の対象とはならない。

新奇の遺伝子変異の源泉は突然変異である。これには純粋に化学平衡論的な原因によって起こる確率的なもの（中立突然変異の多く）と、放射線や化学物質によって誘発されるものとがある。レベルで見れば、DNAレベルで起こるものから、染色体レベル（欠失、逆位、重複など）まで多様である。

しかし自然淘汰の対象となる個体変異の多くは、遺伝子の組み合わせによっても生じる。一個体の遺伝子は減数分裂（生殖細胞の形成）と受精（雌雄の生殖細胞の合体）という二度の機会に組み換えを経験し、次世代の子供は親とは異なる遺伝子の組み合わせをもつことになり、結果として異なる表現型をとりうる。したがって自然淘汰によって、それまでなかった表現型が支配的になることについては、かならずしも新規の突然変異を必要としない。ごくわずかしかなかった遺伝子が表現型の自然淘汰を通じて、集団内で頻度を増やせば、集団全体の遺伝子構成が変わるという形で進化は起こりうる。

現在でも、「突然変異と自然淘汰だけで進化を説明するダーウィン主義は間違いだ」といった主張をしばしば見かけるが、この批判もまた的外れなのである。

＊

進化論をめぐる論争は、生物学の根幹にかかわるものであり、いまなお細部のあちこちに小さな火種が残っていて、時折燃え上がる。ドーキンスとグールドの論争もまた、こうした歴史の延長上にあると、私は考えている。

最後に、出版にあたってまたもやお世話になった畠山泰英氏に感謝する。

二〇一二年四月　　垂水雄二

11 章

1 リチャード・ドーキンス、『悪魔に仕える牧師』、341 ページに収録。

2 S. J. Gould, "Self-help for a hedgehog stuck on a molehill", *Evolution*, 51, pp.1020-1023, 1997.

3 Doug Brown, "Richard Dawkins: The Biologist's Tale", *Powells. Com*. http://www.powells.com/authors/dawkins.html, 2004.

4 R. Dawkins and J. R. Krebs, "Arms races between and within species", *Proc. Roy. Soc*. London B. 205, pp. 489-511, 1979.

エピローグ

1 スティーヴン・J・グールド、『ぼくは上陸している・上』、214 − 215 ページ。

2 Joseph Henrich *et al*., "In Search of Homo Economicus: Behavioral Experiments in 15 Small-Scale Societies" , *American Economic Review*, 91, pp.73-78, 2001.

3 S. Israel, *et al*., "The Oxytocin Receptor（OXTR）Contributes to Prosocial Fund Allocations in the Dictator Game and the Social Value Orientations Task", *PloS ONE*, 4, 2009, e5535.

4 Muzafer, *et al*., Intergroup Conflict and Cooperation: The Robbers Cave Experiment, *Classics in the History of Psychology*: http://psychclassics.yorku.ca/Sherif/.

6 スティーヴン・J・グールド、『ワンダフル・ライフ —バージェス頁岩と生物進化の物語』(早川書房、渡辺政隆訳)。
7 スチュワート・カウフマン、『自己組織化と進化の理論 —宇宙を貫く複雑系の法則』(日本経済新聞社、米沢富美子訳)。
8 スティーヴン・J・グールド、『フルハウス —生命の全容』(早川書房、渡辺政隆訳)。

9章

1 エドワード・E・ウィルソン、『社会生物学 —新しい総合』(思索社、坂上昭一ほか訳)。
2 ジョン・オルコック、『社会生物学の勝利 —批判者たちはどこで誤ったのか』(長谷川真理子訳、新曜社)。
3 アンドリュー・ブラウン、『ダーウィン・ウォーズ —遺伝子はいかにして利己的な神となったか』(青土社、長野敬・赤松真紀訳)。
4 ウリカ・セーゲルストローレ、『社会生物学論争史 —誰もが真理を擁護していた』(みすず書房、垂水雄二訳)。
5 E. Allen *et al.*, Letter, *The New York Review of Books*, 13 November, 182, pp.184-186, 1975.
6 木村資生、『生物進化を考える』(岩波新書)。
7 ジャレド・ダイアモンド、『銃・病原菌・鉄』(草思社、倉骨彰訳)。
8 Sir Cyril Burt (1883-1971) . イギリスの応用心理学者。双子の研究で知能の75%が遺伝するという結果を報告し、人種差別の科学的証拠としてひろく利用されたが、没後、彼のデータは捏造であることが暴露された。
9 Richard J. Herrnstein and Charles Murray, *The bell curve: the reshaping of American life by difference in intelligence*, Free Press, 1994.

10章

1 スティーヴン・J・グールド、『神と科学は共存できるか?』(日経BP社、狩野秀之ほか訳)。
2 リチャード・ドーキンス、『神は妄想である』(早川書房、垂水雄二訳)。
3 スティーヴン・J・グールド、『ぼくは上陸している・下』(早川書房、渡辺政隆訳)、77ページ。
4 *McLean v. Arkansas Documentation Project*, http://www.antievolution.org/projects/mclean/new_site/index.htm.
5 The flying spaghetti monster, interview by Steve Paulson, *Salon.com*, http://www.salon.com/2006/10/13/dawkins_3/.

9 Stephen Jay Gould, "Is a new and general theory of evolution emerging?" , *Paleobiology*, 6 (1) : pp.119 - 130, 1980.
10 Roger Lewin, "Evolutionary Theory Under Fire", *Science*, 21, November, pp.883-887, 1980.
11 Futuyama *et al.*, "Macroevolution conference", *Science*, 211, p.770, 1981.

7章

1 リチャード・ドーキンス、『利己的な遺伝子・増補版』、66ページ。
2『利己的な遺伝子・増補版』、67ページ。
3 リチャード・ドーキンス、『延長された表現型』(紀伊國屋書店、日高敏隆ほか訳)。
4『延長された表現型』、432ページ。
5 リチャード・ドーキンス、『盲目の時計職人』(早川書房、日高敏隆監修、中島康裕ほか訳)[初版の邦訳題は『ブラインド・ウォッチメイカー』]。
6 William Paley, *Natural Theology: Or, Evidences of the Existence and Attributes of the Deity, Collected from the Appearances of Nature*; Bridgewater Treatises, Faulder, 1803: reissued by Cambridge University Press, 2009.
7 Richard Dawkins, *Climbing Mount Improbable*, W. W. Norton, 1996.
8 リチャード・ドーキンス、『遺伝子の川』(草思社、垂水雄二訳)。
9 リチャード・ドーキンス、『虹の解体 —いかにして科学は驚異への扉を開いたか』(早川書房、福岡伸一訳)。

8章

1 スティーヴン・J・グールド、『個体発生と系統発生』(工作舎、仁木帝都・渡辺政隆訳)。
2 S. J. Gould & R. D. Lewontin, "The spandrels of San Marco and the Panglossian paradigm: A critique of the adaptationist programme", *Proceedings of the science of London*, 205 B, pp.581-598, 1979.
3 スティーヴン・J・グールド、『人間の測りまちがい —差別の科学史』(河出書房新社、鈴木善次・森脇靖子訳)。
4 スティーヴン・J・グールド、『嵐の中のハリネズミ』(早川書房、渡辺政隆訳)。
5 スティーヴン・J・グールド、『時間の矢・時間の環 —地質学的時間をめぐる神話と隠喩』(工作舎、渡辺政隆訳)。

1942.
7 William D. Hamilton, "The genetical evolution of social behaviour. I, II". *Journal of theoretical biology* , 7（1）: pp. 1 - 52, 1964.
8『悪魔に仕える牧師』（早川書房）所収、300 ～ 313 ページ。
9 長谷川真理子編、『虫を愛し、虫に愛された人』（文一総合出版）、134 ページ。
10 John Maynard Smith, "Group selection and kin selection", *Nature*, 201, pp.1145 - 1147, 1964.
11 George C. Williams, *Adaptation and Natural Selection*, Princeton University Press, 1966.
12 George C. Williams ed., *Group Selection*, Aldine Atherton, 1971.
13 Ian Parker, "Richard Dawkins' Evolution", *The New Yorker*, September 9, 1996.
14 Colin Hughes, "Richard Dawkins: The man who knows the meaning of life".
15 Mary Midgley, "Gene-Juggling", *Philosophy*, 54, No. 210, pp. 439 -458, 1979.

6 章

1 エドワード・O・ウィルソン、『社会生物学 —新しい総合』（思索社、坂上昭一ほか訳）。
2 Ernst Mayr, *Systematics and the Origin of Species, from the Viewpoint of a Zoologis*, Harvard University Press, 1942.
3 Niles Eldredge and Stephen Jay Gould, "Punctuated equilibria: an alternative to phyletic gradualism", in T.J.M. Schopf, ed., *Models in Paleobiology*, Freeman Cooper, pp. 82-115, 1972.
4 Stephen Jay Gould, "Opus 200", *Natural History*, 100, August, pp.12-18, 1991.
5 John Maynard Smith, "Storming the fortress", *The New York Review of Books*, May, 1982.
6 Ernst Mayr, *The Growth of Biological Thought: Diversity, Evolition, and Inheritance*, The Belknap Press of Harvard University Press, p.617, 1982.
7 Isadore Michael Lerner, *Genetic homeostasis*, Oliver & Boyd, 1954.
8 Francisco Ayala, "The Structure of Evolutionary Theory: on Stephen Jay Gould's Monumental Masterpiece", *Theology and Science*, 3（1）: pp.97-117, 2005.

Science of Animal Behaviour, Oxford University Press, 2004 .

10 Richard Dawkins, "Growing up in Ethology", in L. Drickamer & D.Dewsbury, *Leaders in Animal Behavior : The Second Generation*, Cambridge University Press, 2009.

11 Richard Dawkins, "Selective Pecking in the Domestic Chick", D. Phil. Thesis. Oxford University, 1966.

4 章

1 "Roots Writ Large" (interview) , in Lewis Wolpert & Alison Richard, *A Passion for Science*,Oxford University Press, USA, 1989.

2 Jeff Mackler, "Stephen Jay Gould, a Man for All Seasons", *Socialist Action Newspaper*, July 2002.

3 テオドシウス・ドブジャンスキー、『遺伝学と種の起原』（培風館、駒井卓・高橋隆平訳）。

4 Stephen Jay Gould Interview, *Academy of Achievement*, June 28, 1991.

5 ジョージ・G・シンプソン、『進化の意味』（草思社、平沢一夫・鈴木邦夫訳）。

6『がんばれカミナリ竜・上』、11 章。

7 G. G. Simpson, *Tempo and Mode in Evolution*, Columbia University Press, 1944.

8 Norman D. Newell, *Creation and Evolution: Myth or Reality?* , Columbia University Press, 1982.

5 章

1 リチャード・ドーキンス、『利己的な遺伝子 <増補新装版>』（紀伊國屋書店、日高敏隆ほか訳）、p.xvi ～ xix.［初版の邦訳題は『生物＝生存機械論』］。

2 Ronald A. Fisher, *The Genetical Theory of Natural Selection*, Clarendon Press, 1930.

3 J. B. S. Haldane, *The Causes of Evolution*, Longmans, Green and Co., 1932.

4 Ernst Mayr, *Systematics and the Origin of Species, from the Viewpoint of a Zoologist*, Harvard University Press, 1942.

5 George Ledyard Stebbins, *Variation and Evolution in Plants*, Columbia University Press, 1950.

6 Julian Huxley, *Evolution: The Modern Synthesis*, Allen & Unwin,

廣野喜幸ほか訳)、31章。
3 スティーヴン・J・グールド、『八匹の子豚・上』、13章。
4 スティーヴン・J・グールド、『ぼくは上陸している・下』、第8部(早川書房、渡辺政隆訳)。
5 スティーヴン・J・グールド、『ダ・ヴィンチの二枚貝・下』(早川書房、渡辺政隆訳)、12章。
6 スティーヴン・J・グールド、『パンダの親指・下』(早川書房、櫻町翠軒訳)、26章。
7 Stephen Jay Gould, *The Structure of Evolutionary Theory* , Harvard University Press, ch.1, p.38, 2002.
8 A Conbersation with Stephen Jay Gould ; Primordial Beasts, Creationists and the Mighty Yankees, *New York Times*, December p.21, 1999.
9 スティーヴン・J・グールド、『フラミンゴの微笑・上』(早川書房、新妻昭夫訳)、3章。
10『がんばれカミナリ竜・下』、21章。
11 Stephen Jay Gould Interview, *Academy of Achievement*, June, p.28, 1991.

3章

1 Ian Parker, "Richard Dawkins' Evolution", *The New Yorker*, September, p.9, 1996.
2 Colin Hughes, "Richard Dawkins : The man who knows the meaning of life", *The Guardian*: Saturday Review, October 3, 1998.
3 コンラート・ローレンツ、『文明化した人間の八つの大罪』(思索社、日高敏隆・大羽更明訳)の巻末に所収の『レクスプレス』誌のインタヴュー、128ページ。
4 ニコ・ティンバーゲン、『好奇心の旺盛なナチュラリスト』(思索社、安部直哉・斎藤隆史訳)。
5 ニコ・ティンバーゲン、『ティンバーゲン動物行動学』(平凡社、日高敏隆ほか訳)。
6 Niko Tinbergen, "Watching and Wondering", in Donald A. Dewsbury ed., *Leaders in the Study of Animal Behavior*, London, Associated University Presses, 1985.
7『ティンバーゲン動物行動学』、ピーター・メダワーによる「まえがき」。
8 ニコ・ティンバーゲン、『本能の研究』(三共出版、永野為武訳)。
9 Hans Krunk, *Niko's Nature : The Life of Niko Tinbergen and His*

出典

はじめに

1 キム・ステルレルニー、『ドーキンスvsスティーヴン・ジェイ・グールド』（ちくま学芸文庫、狩野秀之訳）。

2 アンドリュー・ブラウン、『ダーウィン・ウォーズ —遺伝子はいかにして利己的な神となったか』（青土社、長野敬・赤松真紀訳）。

3 リチャード・ドーキンス、『悪魔に仕える牧師』（早川書房、垂水雄二訳）、「あるダーウィン主義の重鎮との未完のやりとり」、383ページ。

1章

1『悪魔に仕える牧師』に所収の「ヒーローたちと祖先」、412ページ。

2 リチャード・ドーキンス、『祖先の物語・上』（小学館、垂水雄二訳）、242ページ。

3 Richard Dawkins, *ASAB Newsletter*, 1996.

4 Bryan Appleyard, “Religion: Who needs it?”, *New Statesman*, 10 April, 2006.

5 *The Atheism Tapes*: Richard Dawkins, Jonathan Miller for BBC 4, Richard Dawkins, 12 May, 2006.

6 H. Colyear Dawkins and Michael S. Philip, *Tropical moist forest silviculture and management : a history of success and failure*, Wallingford : CAB International, 1998.

7 Colin Hughes, “Richard Dawkins: The man who knows the meaning of life”, *The Guardian*: Saturday Review, October 3, 1998.

8『悪魔に仕える牧師』に所収の「危険な人生を生きる喜び」、100－105ページ。

9『祖先の物語・下』（小学館、垂水雄二訳）、「フジツボの物語」、167ページ。

10 Richard Dawkins, “Growing up in Ethology”, in L. Drickamer & D. Dewsbury, *Leaders in Animal Behavior : The Second Generation*, Cambridge University Press, 2009.

2章

1 スティーヴン・J・グールド、『八匹の子豚・上』（早川書房、渡辺政隆訳）、8章、165ページ。

2 スティーヴン・J・グールド、『がんばれカミナリ竜・下』（早川書房、

索　引

著者
垂水雄二（たるみ ゆうじ）
1942年、大阪生まれ。翻訳家。京都大学大学院理学研究科博士課程修了。出版社勤務を経て、1999年よりフリージャーナリスト。著書に『悩ましい翻訳語』（八坂書房、2009）、訳書に『利己的な遺伝子』（共訳、紀伊國屋書店、1991）、『祖先の物語　上・下』（小学館、2006）、『ヒトのなかの魚、魚のなかのヒト』（早川書房、2008）、『親切な進化生物学者』（みすず書房、2012）など多数

進化論の何が問題か　―ドーキンスとグールドの論争

2012年5月25日　初版第1刷発行

著　者　垂水雄二
発行者　八坂立人
印刷・製本　シナノ書籍印刷（株）

発行所　（株）八坂書房
〒101-0064　東京都千代田区猿楽町1-4-11
TEL.03-3293-7975　FAX.03-3293-7977
URL.：http://www.yasakashobo.co.jp

ISBN 978-4-89694-995-7